A TRAVERS

LES PAYS JAUNES

GASTON PAGEOT

A TRAVERS
Les PAYS JAUNES

Suivi d'un itinéraire de Croisière
autour du Monde

PRÉFACE

DE

Paul PRIVAT-DESCHANEL

PARIS

BIBLIOTHÈQUE DES AUTEURS MODERNES

16, rue des Fossés-Saint-Jacques, 16

PRÉFACE

C'est un plaisir pour moi de présenter au public M. Gaston Pageot et le récit de son voyage Aux pays jaunes et je me félicite de l'heureux hasard qui me permet de jouer aujourd'hui ce rôle d'introducteur, pour lequel je souhaiterais seulement de jouir de plus de crédit et d'autorité.

M. Pageot n'est plus un jeune; mais les années constituent un titre précieux pour un observateur. Il débute dans la littérature à un âge où une vie longtemps active et utile lui donnait le droit de se reposer sans affronter, comme disaient les Grecs, le soleil et la poussière des places publiques. Toute sa carrière s'est écoulée dans l'administration des finances. Mais, en même temps, il exploitait une grande propriété, en un temps où les transformations de l'agriculture, l'usage des machines et des engrais chimiques, les applications chaque jour plus nombreuses de la science, les perfectionnements de l'économie rurale rendent le rôle du grand propriétaire-

*agriculteur singulièrement passionnant. Il y a plus :
à une époque où l'on cherche fiévreusement de nouvelles
formules sociales et où le problème de la lutte ou de
l'harmonie entre les classes se pose comme l'angoissante
énigme de demain, un grand propriétaire peut se livrer
à des expériences instructives et donner un enseigne-
ment utile. On oserait presque appeler du nom d'Université agricole un vaste domaine bien géré et surtout
géré avec ce souci de l'intérêt général, qui élève, pour
ainsi dire, la culture au-dessus du sol et lui donne une
vaste portée, à la fois morale et sociale. Telle a été l'idée
constante de M. Pageot. Membre de la société des agri-
culteurs de France et collaborateur du* Journal d'agriculture pratique, *il a étudié, non pas seulement la
terre inerte, mais l'homme qui la féconde. Il a aimé le
paysan, qu'il connaît bien; et il s'est efforcé de lui
inculquer les idées de solidarité et de coopération. Son
mémoire sur le métayage, conçu comme forme de colla-
boration entre le propriétaire et le travailleur, est à cet
égard vraiment révélateur et ouvre des horizons sur les
associations sociales que verra sans doute le monde
de demain. Que M. Pageot ne soit point d'accord, sur
cette question, avec l'économie politique orthodoxe, il
importe peu. L'honneur est de chercher des solutions,
en sacrifiant à cette recherche son temps et parfois ses
intérêts. Ainsi envisagée, l'agriculture devient une
noble occupation. Les regards ne traînent plus sur la
terre : ils se redressent et portent haut et loin. Et les
belles paroles d'un illustre compatriote de M. Pageot,
le comte de Falloux, prennent un sens symbolique :*

« *L'agriculteur est celui qui a le plus souvent les yeux levés vers le ciel.* »

Ainsi préparé, M. Pageot était fait pour aimer notre vaste monde et pour le bien voir. A peine avait-il quitté l'administration des finances qu'il se mit à voyager. Il voulait confronter avec le spectacle changeant des choses les résultats de son expérience dans une région limitée. Heureuse idée! Si les voyages forment la jeunesse, ils ne se contentent pas d'enchanter un âge plus avancé; ils permettent au voyageur mûri d'utiliser l'expérience de toute une vie d'observations et ils sont ainsi plus profitables à tous. M. Pageot savait d'ailleurs qu'il serait partout bien accueilli et renseigné avec empressement; il n'avait qu'à invoquer son alliance de famille avec un de nos plus distingués ambassadeurs, qui a brillamment représenté la France et qui a laissé d'impérissables souvenirs dans notre diplomatie.

Donc, M. Pageot se mit à voyager avec l'ardeur d'un jeune homme et l'expérience d'un vieillard. Peu d'années lui suffirent pour devenir un grand voyageur devant l'Éternel. Successivement, année par année, il visite, sans parler de la France qui vaut bien un voyage, la Terre sainte, la Grèce, l'Italie, l'Égypte, l'Inde, la Norvège, la Sicile, la Tunisie, l'Espagne, le Spitzberg, les îles Canaries. Voyages instructifs, pittoresques et parfois mouvementés. Songez que notre voyageur a fait deux fois naufrage. Bien des marins ne pourraient en dire autant.

En 1907-1908, M. Pageot couronna sa tardive et rapide carrière de voyageur par une excursion autour

du monde. Obligé, pour des raisons d'ordre intime, de
traverser rapidement l'Amérique, il se consacra surtout à la visite des Pays jaunes : *Java, Siam, Indo-
Chine française, Chine et Japon.* C'est le récit de ce
dernier voyage qu'on lira dans ce livre.

Ce n'est que le voyage d'un touriste, mais d'un touriste avisé et observateur. Qu'on ne s'y trompe point :
M. Pageot n'est pas un littérateur professionnel. L'esprit des gens de lettres lui est étranger. Ne cherchez ici
ni brillantes descriptions de la nature, ni dithyrambes
passionnés sur les arts de l'Extrême Orient. Vous n'y
trouverez pas ces couplets enchanteurs de nos voyageurs
en littérature, ces couplets éclatants où l'imagination,
exacerbée dans les ·contrées féeriques, tient plus de
place que l'exactitude. M. Pageot n'est certes pas in-
sensible à la beauté des mers tropicales, bleues comme
des saphirs, molles et caressantes comme de l'huile;
à l'exubérante puissance de la forêt vierge javanaise,
drue, impénétrable, effrayante de vigueur, baignée
d'une humidité chaude qui fait monter sous les feuilles
ruisselantes l'enivrante langueur des fleurs épanouies;
à la poésie grandiose et mélancolique des ruines d'Angkor-Waht, noyées dans la brousse qui les ronge, qui
disjoint les murs, qui fait éclater les hommes de
pierre et qui pare de sa jeunesse verdoyante la vétusté
des débris patinés par l'or des siècles; au charme délicat et prenant des paysages japonais où les cerisiers et les pêchers versent, sur des lacs tapissés de
lotus, leurs pleurs blancs et roses. M. Pageot a senti
tout cela; mais il l'exprime avec sobriété. Les senti-

ments connus et les phrases convenues lui font peur.
Il aime la nature — je ne dirai pas pour elle-même
— mais pour lui-même, avec discrétion.

Parfois le ton s'élève et l'on regrette alors la réserve
ordinaire de l'auteur. Pourquoi ne s'abandonne-t-il
pas plus souvent? Lisez par exemple la description
des rues de Pékin et contemplez l'animation grouillante de la foule, que dominent les chameaux majestueux. C'est simple, net, fixé en quelques traits
expressifs. Un pareil tableau a la netteté et — disons-
le — la beauté d'une photographie.

Il ne faut pas oublier que ce livre n'est point un
récit, rédigé à loisir sur des notes de voyage et savamment ordonné. A vrai dire, et je l'en loue, M. Pageot
n'a point fait un livre. Il s'est contenté de réunir en
un recueil les lettres écrites à ses enfants. Jamais le
ton ne cesse d'être simple, naturel, familier. A chaque
page, on assiste à quelque menu incident de voyage,
on entrevoit des résidents coloniaux, des passagers,
on vit de la vie monotone du bord qui grossit déme-
surément les petites choses, on devine les sautes d'humeur
de l'écrivain suivant l'état de ses rhumatismes. Les
proches s'intéressent à ces détails; et le public s'y intéressera aussi parce qu'ils sont naturels et vivants.
Il y a beaucoup de charme dans ces conversations à
distance et l'on y sent à chaque ligne la bonhomie
souriante du père et du grand-père qui raconte aux
siens et pour eux seuls ses impressions toutes simples,
toutes franches et, par cela même, véridiques.

Mais le grand-père est un observateur, formé par

une longue expérience à la notation juste et précise
des hommes et des choses. En passant, sans prétention,
sans théories, sans apprêt, à propos de tout et à propos
de rien, notre voyageur fait une constatation, formule
un bref jugement, quelquefois même écrit une page plus
étudiée qui conserve cependant le ton familier de la lettre.
On lira des remarques intéressantes et originales sur
l'art Kmer et sur l'art japonais, exprimées avec une
indépendance qui touche parfois à la hardiesse,
presque à la témérité. Même à propos des Etats-Unis,
entrevus à peine de la portière d'un wagon, l'agronome
et le praticien se révèlent à quelque vue pénétrante et
concise. Je ne partage pas toujours les sentiments
de M. Pageot en matière d'art. Mais j'admire la jus-
tesse avec laquelle il a, en quelques mots trop brefs
à mon gré, jugé l'agriculture des Etats-Unis et le caractère des hommes d'affaires américains. Le pro-
digieux développement de ce pays nous induit en
erreur; le passé nous paraît garantir l'avenir et nous
vivons sur un optimisme de commande et une admiration un peu irraisonnée. Apprenons à regarder.
Aux Etats-Unis, on a opéré dans le grand, en profitant d'occasions exceptionnelles, de la grandeur même
du pays qui permet d'étonnantes concentrations de
matières ou de richesses, de l'ampleur du marché, des
terres vierges qui ne demandent rien et qui donnent
beaucoup. Dans la concurrence mondiale, les succès
des Américains sont dus surtout aux armes que leur
a fournies la nature: la géographie explique ici l'histoire. Mais aujourd'hui les conditions de la lutte

s'égalisent par la diminution des avantages naturels particuliers à certains pays. Aux États-Unis les bonnes terres ne sont plus disponibles et les nouvelles, qui coûteront plus de travail et de frais que les anciennes, rendront moins. Peut-être le point maximum de développement du pays est-il près d'être atteint. En tout cas, on ne reverra plus cette activité dans le progrès qui a caractérisé l'Amérique du XIXe siècle.

J'en ai assez dit pour faire comprendre le caractère du livre de M. Pageot. Les personnes qui goûtent la littérature proprement dite, les ouvrages savamment et artificiellement composés, la beauté un peu factice de la forme, les dissertations sociales ou esthétiques, peuvent négliger l'ouvrage. Mais il sera lu avec plaisir par ceux — et ils sont nombreux — qui aiment à entendre causer simplement, familièrement, sur le ton même de la conversation, un homme à l'esprit juste et droit. Le style ici est vraiment de l'homme même.

On songe invinciblement au mot de Montaigne, si souvent cité, mais souvent si mal à propos : C'est un livre de bonne foi. Oui, c'est un livre de bonne foi, personnel avec simplicité, indépendant sans être agressif, original par sa franchise même. A le lire, on goûtera du plaisir et on prendra de la sympathie pour l'auteur.

Paul PRIVAT-DESCHANEL.

Vous avez lu avec plaisir les lettres que je vous ai écrites dans ma longue croisière autour du monde. Est-ce une raison pour les publier? Elles ne sont point une relation de voyage dans des pays inexplorés, encore moins des récits d'aventures; ce sont de simples notes de touriste, écrites au jour le jour, relatant les incidents très simples d'un banal voyage dans des contrées maintes fois visitées, au milieu de peuples depuis longtemps connus. Quel intérêt peuvent-elles offrir au public? Pourtant, en réfléchissant, je me suis demandé si, précisément, la simplicité de ce voyage, la facilité de son exécution, ne pouvaient donner quelque attrait au récit, et éveiller l'attention du lecteur en lui faisant comprendre que ces lointaines pérégrinations, autrefois si difficiles, souvent même dangereuses, sont aujourd'hui faciles et se trouvent à la portée de tous, non seulement des personnes jeunes, mais aussi des personnes d'âge plus que mûr, disons des vieillards, si vous voulez.

Les voyages forment la jeunesse. J'affirme, moi, qu'ils peuvent charmer la vieillesse.

Gens inoccupés, retraités des carrières libérales, des fonctions publiques ou des affaires, désemparés que le malheur a frappés, vous vous demandez souvent comment employer votre temps... Pensez aux voyages! Ils sont là pour vous distraire, réveiller votre curiosité, donner un aliment à ce qui vous reste d'activité. Mais l'âge, dira-t-on, enlève des forces et ne permet plus de pareils efforts? Il est certain qu'il ne faut pas être trop infirme; mais, si l'on se trouve dans des conditions ordinaires de santé, rien n'empêche de tenter l'aventure. J'avais plus de soixante-sept ans; avec mes compagnons de voyage, nous formions un total respectable d'années; et nous avons pu, sans efforts, sans fatigue réelle, accomplir autour du monde un voyage qui a duré plus de huit mois.

C'est que les voyages, aujourd'hui, ne se font plus comme autrefois; les moyens de communication se sont multipliés et singulièrement perfectionnés ; partout ou presque partout, vous trouvez un confort, souvent même un luxe, auxquels, tout le premier, j'étais loin de m'attendre. La dépense n'est pas telle qu'elle doive effrayer ; et certainement, nombre de personnes sont à même de trouver la somme nécessaire. Quant à l'organisation du voyage, aux détails de son exécution, rien n'est plus facile que de se débarrasser de ce soin...!

Allons, le sort en est jeté! Partez, mes lettres; et, s'il est possible, sans ennuyer le lecteur, dissipez quelques préventions, éveillez des curiosités, ouvrez des horizons.

Je serai trop heureux si, entraînant par mon exemple quelques indécis, j'arrive à rompre la monotonie de certaines vies, à distraire quelques abandonnés, à occuper, à égayer de vieux jours !

D'abord la genèse du voyage!

Nous nous réunissons quatre personnes : une dame veuve, Madame de P..., une demoiselle qui, bien que jeune encore, a acquis le droit à l'indépendance, Mademoiselle J..., un général au cadre de réserve, L.. et moi. Nous avons fait ensemble plusieurs croisières, nous connaissons nos goûts, nos caractères et c'est avec un égal entrain que nous nous réunissons pour mener vie commune.

Nous discutons d'abord notre itinéraire; nous avons visité déjà un certain nombre de contrées : nous avons vu l'Egypte, l'Orient, l'Inde (1); nous pouvons donc commencer notre voyage à la presqu'île Malaise, ce qui nous permettra d'étudier plus particulièrement les pays jaunes. *Nous visiterons le Siam, Java, le*

---

(1) Je conseillerai toujours de faire un voyage spécial pour l'Inde et de ne pas comprendre ce pays dans un itinéraire autour du monde.

Cambodge; passant par l'Annam et le Tonkin, nous irons en Chine, puis au Japon, et enfin, à travers le Pacifique, nous gagnerons l'Amérique pour revenir en France par le Havre.

Le plan général arrêté, nous nous adressons à une agence de voyages qui en fixe les détails et se charge de son exécution.

A partir de ce moment, nous n'avons plus qu'à nous laisser vivre. Les lettres qui suivent diront comment ce programme a été exécuté.

G. P.

VUE DE MARSEILLE.

A TRAVERS LES PAYS JAUNES

9 *Novembre* 1907. — *Paquebot L'*Armand Béhic.

Mes chers enfants,

Marseille

Je viens de m'embarquer; si le navire n'a pas quitté le port, du moins il appareille. *A Dieu vat!*... J'ai le cœur gros, ce n'est pas le regret de partir, c'est cependant de la tristesse... Je vais être si longtemps sans vous voir et même sans recevoir de vos nouvelles !...

Mais parlons de moi. Le moi, dans le cas présent, n'est pas haïssable, puisque vous demandez de mes nouvelles. Tous nos voyageurs ont été exacts. Nous sommes tous les quatre au poste, sinon pleins d'entrain, du moins dispos et bien résolus. Hier, en quittant Paris, j'ai eu la surprise de recevoir dans mon wagon, la visite de Madame de P... qui s'était décidée à prendre le premier train. Le voyage s'est fait agréablement, mais non sans encombre, car, entre Avignon et Marseille, la voie était inondée; le Midi, après avoir été abreuvé de vin, est à présent sous l'eau ; cette fois c'est un vrai désastre. Nous n'avons pas eu trop de retard cependant. A Marseille, nous trouvons le général‧ L... et Mademoiselle J... Cette dernière est vraiment héroïque; car, étant malade presque tout le temps en mer, elle demande avec instance à ce qu'on ne s'occupe pas d'elle. La sirène retentit, nous allons lever l'ancre. Je n'ai que le temps de vous embrasser de tout mon cœur, mes chers enfants.

12 *Novembre* 1907. — *En Méditerranée, à bord de L'*Armand Béhic.

En fin, nous voilà partis! Nous venons même d'avoir une panne comme une simple auto : nous avons stoppé pendant une heure. Mais procédons avec ordre. Vous avez dû recevoir, de Marseille, une lettre et deux dépêches; la dernière vous demandait de m'envoyer ma lorgnette que j'avais oubliée. Ne voulant pas me priver de cet objet de première nécessité en voyage, je m'étais décidé à en acheter une à Marseille, et je venais de l'accrocher au porte-manteau de ma cabine, où l'on avait déjà apporté mes bagages. Au moment de partir, pour mieux jouir du beau panorama de Marseille et de son port, je vais chercher ladite lorgnette; l'étui est bien à sa place, mais de lorgnette point. Dans la cohue du départ, des pick-pockets s'étaient introduits sur le bateau et, n'ayant pu visiter mes malles fermées à clef, ils avaient puisé dans l'étui, qu'ils

avaient débarrassé de son contenu. Ils avaient tenté
de dévaliser également mon sac à linge, mais, là
aussi, ils avaient trouvé une fermeture à clef. Heureusement, l'agent des postes était encore sur le
pont et j'ai pu, à la dernière minute, vous envoyer
ma dépêche, J'espère donc, dans six semaines, recevoir un premier envoi à Saïgon.

L'ARMAND-BÉHIC

Assez sur cet accident et parlons de mon voyage.
Le cadre d'abord. Le bateau est superbe, plus encore
que l'*Australien;* ma cabine est étroite, mais bien
aménagée, commode, et j'ai pu tout y caser. Je m'y
plairais certainement sans le voisinage de deux mi-
sérables enfants, deux monstres qui ne cessent de
crier, que dis-je, de hurler ! Le capitaine m'a bien
promis de me donner une autre cabine; mais rien
de disponible avant Port-Saïd; le navire est bondé.

En attendant, on a imposé à mes voisins certaines
mesures qui ont un peu atténué le mal; j'ai pu à peu
près dormir cette nuit. Le capitaine est d'ailleurs
très aimable; il connaissait déjà mes compagnons
de voyage, et, il fera tout ce qui dépendra de lui pour
nous être agréable. Quant au commissaire, je l'avais
déjà vu sur l'*Australien;* il est aussi très complaisant.
Je vais déjeuner; dans ma prochaine lettre, je vous
parlerai des passagers.

Troisième jour de navigation. — Le navire poursuit sa route; sans incident : la mer est calme, pas
la moindre oscillation. Il paraît impossible d'avoir
le mal de mer, et pourtant, il y a encore quelques
malades et un plus grand nombre d'indisposés. En
tous cas, rien de particulièrement intéressant. Reprenons donc notre causerie au point où je l'avais laissée
hier.

Nous en étions, je crois, au personnel du bord.
Mes compagnons, vous les connaissez, rien à dire que
vous ne sachiez. En dehors d'eux, il y a toute une
caravane pour l'Inde, dont fait partie M. Ag... le
frère du peintre, votre voisin de fauteuil au Conser-
vatoire. C'est un joueur de bridge et un homme
aimable. Parmi les passagers avec lesquels je me
suis trouvé en rapports, il y a Mʳ B. V... qui se rend
dans ses propriétés de Ceylan, l'amiral qui va
prendre le commandement à Saïgon, ainsi que de
nombreux fonctionnaires coloniaux; puis un ménage
qui habite le Caire, et qui vous a connue, Denise,

CANAL DE SUEZ

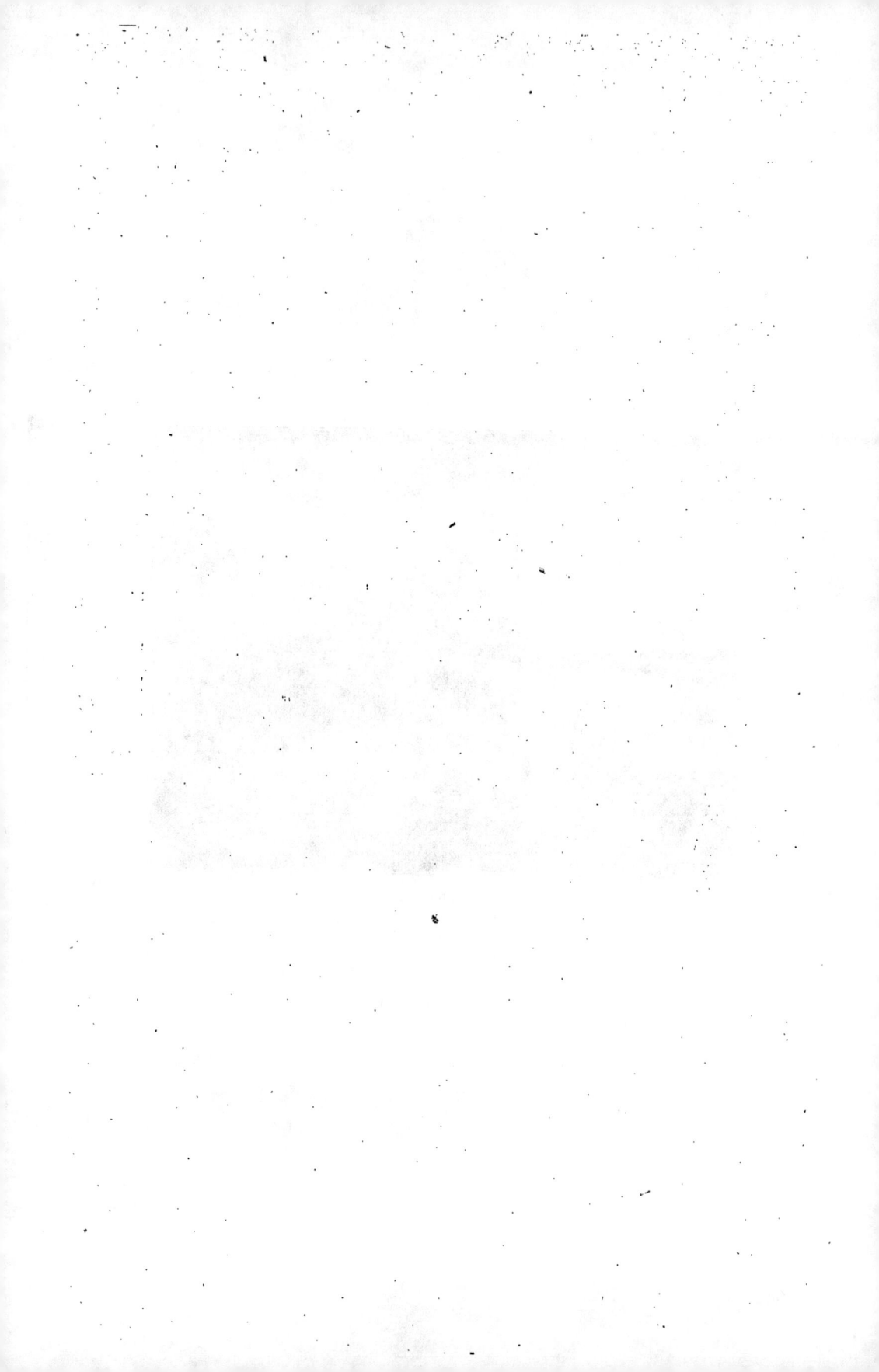

ainsi que votre père. Comme ils disent du bien de vous, je suis porté à les trouver charmants.

Samedi, 16 *Novembre.* — *Escale à Port-Saïd.*

Nous entrons dans le canal de Suez. Je vous en ai parlé longuement lors de mon dernier voyage. On y travaille toujours, on l'approfondit, et on l'élargit en maints endroits. A Port-Saïd, à Ismaïlia, à Suez, nous laissons un certain nombre de passagers, entre autres, deux de nos joueurs de bridge; c'est un désastre.

Dans la mer Rouge. Dimanche... non, samedi. Je ne me rends plus compte du temps, cela m'arrive souvent à bord, dans une longue traversée. Je ne sais qui a donné à la dite mer la réputation d'être étouffante; hier au soir j'avais mon paletot, et aujourd'hui, à 4 heures du soir, j'ai presque froid. Nous venons de sortir du canal; à notre gauche, se dessine le massif du Sinaï. Il a vraiment grand air, ce mont biblique; en dehors du souvenir qui s'y rattache, il charme par son profil régulier et sa belle teinte d'or sombre.

Dimanche. — 17 *Novembre.*

Cette fois, c'est bien dimanche. Nous sommes sous les tropiques, il fait chaud, mais rien d'exagéré, c'est très supportable. Lorsque nous avons besoin d'air, nous allons à l'avant du navire qui fend la mer à 15 ou 16 nœuds. Hier au soir, représentation extraordinaire d'une troupe de bateleurs qui se rend à Aden, appelée pour le mariage d'un riche marchand. Musique, chant, danse du ventre, etc. Décidément, cette danse du ventre, plutôt lascive, n'a rien de gracieux, et malgré la beauté réelle d'une des danseuses, j'en ai bientôt assez. Etant moins nombreux depuis Port-Saïd, nous nous sentons davantage les coudes; nous avons reconstitué notre partie de bridge, c'est un point important. Toutefois, les groupes ne fusionnent pas encore; on se tient sur la réserve, on conserve son quant à soi.

Parmi les passagers, il est un jeune ménage, un peu inquiétant au premier abord et cependant comme il faut, qui pique vivement ma curiosité. La femme est européenne, une Belge, nous dit-on, qui est mariée à un riche Annamite. Jolie, elle a une excellente tenue et paraît être une mère de famille parfaite. Le mari, pas trop laid, ma foi, pour un asiatique, a de bonnes façons tout à fait françaises; il entoure de soins sa jeune femme, qui en paraît reconnaissante. Je n'aurais jamais cru que ce croisement d'une femme européenne et d'un homme de race jaune fût aussi peu choquant.

Comme vous le voyez, mes enfants, ma vie est calme. Le temps est délicieux et la mer est unie comme une glace; c'est vous dire que la navigation est pleine de charmes et qu'on se laisse vivre délicieusement.

Mardi. — 18 *Novembre* 1907.

Ainsi que je vous l'ai dit, il m'a fallu rétrograder d'un jour... un jour de plus à vivre... est-ce un bien? Hier, j'aurais dit oui sans hésiter... mais aujourd'hui, par cette chaleur, c'est autre chose ! Ah, j'avais mis en doute la réputation de la Mer Rouge ! Je me rétracte. Quand le simoun se met de la partie, il fait chaud sur la dite mer ! Le matin, ma cabine étant à tribord, à l'ouest, il n'y fait pas mauvais; mais quand on vient se coucher le soir, alors que le soleil a chauffé toute la journée, c'est plutôt pénible. La seule bonne pièce est le cabinet de lecture à l'avant; la rapidité de la marche est telle qu'on y sent un peu d'air et que l'on souffre moins. Mais tout à l'heure, je vais aller au fumoir pour le bridge; il y fera, c'est le cas de le dire, une température tropicale. Nous marchons à grande vitesse, nous serons demain à 3 heures à Aden; je regrette de ne point m'arrêter à Djibouti que je ne connais pas, alors que j'ai vu deux fois Aden. Toujours mer calme, que nous conserverons jusqu'à Colombo, nous dit le commandant; mais après, de Ceylan à Singapore, il ne répond plus de rien. Nos compagnes au cœur sensible profitent de ce beau temps, qui, tout au moins, les aguerrit.

19 Novembre 1907.

Au large de Périm, massif de pierres d'où les Anglais commandent le passage de la Mer Rouge. Il continue à venter fort; mais un vent lourd, chaud, énervant, le simoun en un mot. La nuit a plutôt été agitée. A 4 heures, je ne dormais pas encore, passant mon temps à m'éponger, lorsqu'on est venu fermer les sabords, puis une heure après, les hublots. Pour le coup, c'était à mourir. Je ne sais si cette température persistera après la Mer Rouge, mais elle commence à manquer de charme. Nous sommes tous plus ou moins impressionnés, d'autant plus que la chaleur est venue brusquement, sans transition. Nous serons vers 4 heures à Aden; nous aurons le temps d'aller voir la ville après le dîner. C'est de là que vous parviendra cette lettre.

Vendredi. — *22 Novembre* 1907.

Aden   Mes chers enfants, je dois vous avoir laissés au moment où nous arrivions à Aden. Nous sortions de la Mer Rouge, et nous commencions à respirer. Bientôt se dressent devant nous de grandes roches noires, brûlées, qui se découpent en minces aiguilles, puis brusquement, par derrière, apparaît le rocher

d'Aden. Il se fait tard, le soleil se couche, et la lune, se
détachant à la cime du mont, éclaire d'une lueur
pâle cette masse de pierres; sur différents points,
des feux s'allument et piquent l'obscurité. La note est
fantastique; ce serait un merveilleux décor pour la
chevauchée des Valkyries, ou la nuit du Walpurgis.
Je n'avais vu Aden que par un soleil brûlant; il se

CITERNES D'ADEN

présente aujourd'hui sous un aspect nouveau et
des plus intéressants. Après un dîner précipité, nous
descendons à terre, et nous faisons en voiture l'excursion de l'Aden arabe et des immenses citernes
que les Anglais ont fait construire pour recevoir
les eaux qui viendraient à tomber... mais il n'a
pas plu depuis 10 ans ! Inutile de dire que les citernes sont à sec ! J'ai déjà dû vous envoyer des

2

cartes postales d'Aden, elles vous ont donné une idée
de ce travail gigantesque, pour le moment inutile.

La provision de charbon est renouvelée, nous repartons dans la nuit, et nous voilà dans l'Océan Indien. Nous avons repris notre vie de bord, que rien,
jusqu'à Colombo, ne viendra interrompre. Notre
grand navire est une véritable petite ville de province; les groupes se forment et volontiers se jalou-
sent; les susceptibilités s'éveillent, et les cancans vont
leur train; il n'est pas toujours facile de se tenir
à l'écart. Le hasard m'a fait découvrir M. G...,
l'ancien secrétaire de votre pèr e, à Vienne, qui de
là, est allé en Chine, et qui en ce moment est premier
secrétaire au Japon. Il vient de se marier, c'est la
lune de miel. M. G... m'a donné de très utiles
conseils qui nous font modifier notre itinéraire en
Chine; au lieu d'aller par mer de Changaï à Tien-Tsin,
pour gagner Pékin, nous remonterons en bateau le
fleuve Bleu jusqu'à Han-Kéou, au centre de la
Chine, et de là, nous prendrons le nouveau chemin
de fer qu'on vient d'inaugurer et qui, en trente-six
heures, nous conduira à Pékin. Grâce à cette combi-
naison, non seulement nous éviterons un long trajet
dans ces mauvaises mers de Chine, mais nous visiterons le centre de cet immense et curieux empire dont
nous ne devions voir que le pourtour. A demain, il
commence à se faire tard...

Samedi. — 23 Novembre 1907.

Notre marche continue, sinon sans accrocs, du **Océan Indie**
moins sans incidents graves. La chaleur s'accentue,
et cette nuit, lors de l'arrêt du bateau (belle panne
vers 3 heures) il faisait une chaleur intolérable. En
ce moment, grande agitation sur le paquebot; demain, ce sera fête à bord; tombola, concert, bal,
enfin, toute la lyre que vous connaissez, Denise.

RUE A COLOMBO

Pour le concert, on a réuni à peu près les éléments
nécessaires. Mme de S..., jolie et gracieuse jeune
femme qui va retrouver son mari au Japon; une
jeune italienne qui a une fort belle voix, et la femme
d'un docteur de Saïgon, forment la partie féminine.
Il paraît qu'il y a aux secondes, un baryton et un
ténor très suffisants. Je viens d'ailleurs d'entendre

un duo de Lakmé qui ne marche pas mal du tout. Mardi, nous devrions être de bonne heure à Colombo; reste à savoir si nos pannes ne retarderont pas notre arrivée. Quoi qu'il en soit, le commandant vient de m'affirmer que nous serons à l'heure dite à Saïgon. C'est le point important pour nous; car, le lendemain de notre arrivée, nous devons prendre le bateau pour Bangkok. Comme vous le voyez, rien de bien intéressant; mais cela m'est doux de venir chaque jour causer un peu avec vous.

Lundi. — Eh bien, la fête à bord s'est merveilleusement passée; c'est peut-être la plus réussie à laquelle j'aie assisté, et j'en ai déjà vu un certain nombre. Toujours même chaleur énervante; en vérité, il fallait un rude courage ou une vraie fièvre de plaisir, pour danser hier au soir, car la température ne baisse pas la nuit. Le thermomètre, comme dans la journée, marque 31°; cela n'a rien d'exagéré; c'est la tension électrique qui est pénible, car nous avons des orages presque continuels. Ces orages, d'ailleurs, ne soulèvent pas la mer qui reste unie comme une glace, et, sans cette température, la traversée serait agréable. Adieu, mes chers enfants, je vais remettre ma lettre à l'agent des postes qui la fera partir de Colombo. Que devenez-vous? Que faites-vous? Je n'en sais rien, et je n'aurai pas de vos nouvelles avant de longues semaines... Voilà le côté pénible de ces lointains voyages!

28 *Novembre* 1907. — *Jeudi.*

Mes chers enfants, enfin nous voilà lancés, sinon dans l'inconnu, du moins dans le nouveau pour nous. Nous avons quitté Colombo, nous voguons dans l'Océan Indien; demain nous serons dans le détroit de Sumatra, et bientôt nous accosterons à Singapore. Tout cela ne vous paraît-il pas étrange? Moi, je crois rêver. Si ces rêves ont pour moi du charme, il n'en est pas de même pour tous; la mer paraît d'huile, mais les grandes lames de fond qui semblent venir du pôle antarctique, soulèvent le navire comme une plume et le font rouler affreusement. Mme de P... est vaillante, mais Mlle J... garde aujourd'hui la cabine. Quant à L... et à moi, nous nous comportons comme de vieux loups de mer.

Golfe de Bengale

Nous avons donc fait escale à Colombo. Plutôt chaud Colombo, mais combien joli! Nous avions dix-huit heures devant nous, ce qui nous a permis d'aller en voiture à Mount-Lavinia en parcourant le village cingalais, sous le merveilleux bois de palmiers qui lui donne un si étrange caractère. Puis, le soleil s'est couché, la température est devenue délicieuse, et nous sommes revenus sous le charme de ce pays de rêve qui, à cette heure du jour, est incomparable. Nous avons dîné à l'Oriental Hôtel et le soir, nous avons couru les magasins où ces dames ont acheté

Ceylan Colombo

d'assez jolies pierres. Rentré vers 11 heures, je ne me suis pas couché avant 2 heures du matin, ne pouvant m'arracher à l'enchantement de cette merveilleuse nuit.

Nous avons semé une partie de notre monde : le groupe de l'Inde nous a quittés, les voyageurs pour l'Australie ont changé de bateau; il ne reste plus que les voyageurs pour l'Extrême-Orient.

Hier au soir, nous avons eu une séance d'un jon-

ROUTE DE MOUNT LAVINIA

gleur de l'Inde. Toujours les mêmes tours : le dressage de la cobra, l'escamotage de l'enfant, etc... tours qui n'ont rien de bien extraordinaire, mais qui sont amusants. Toujours le calme et une chaleur plutôt pénible, mais la santé reste parfaite.

Vendredi 29. — Nous n'avons pas quitté le golfe du Bengale, mais plus de beau temps; il ne cesse pas de pleuvoir, sans que l'air soit rafraîchi, et la

mer est houleuse. Nous avons la queue d'un cyclone
qui s'est produit au nord du golfe. Rien d'inquiétant, mais les cœurs sensibles sont éprouvés; ce soir,
nous entrerons dans le détroit de Malacca, le calme
reviendra.

1er décembre 1907. — Détroit de Malacca; mer
moins agitée, mais toujours des ondées, des averses
continuelles et une humidité chaude qui énerve et ne
rafraîchit pas. Ce soir, nous serons à Singapore; c'est
là que commencera vraiment notre voyage. En regar-
dant la carte, je m'aperçois que nous avons traversé
un peu plus du quart du méridien terrestre, soit
92 degrés. Nous avons fait plus de 6,000 milles, près
de 10,800 kilomètres. En continuant de ce train, ce
serait le tour du monde en moins de 80 jours ! En-
foncé, Jules Verne !

2 Décembre 1907.

Nous venons de quitter Singapore, et nous vo- **Singapore**
guons sur les mers de Chine. Le temps est lourd,
orageux; les grains succèdent aux grains. Je commence à comprendre cette exubérance de végétation
qui couvre de verdure toute terre sortant des eaux.
L'extrémité du canal de Malacca, les alentours de
Singapore ne sont qu'une série d'îles aussi gracieuses
que pittoresques. Chez nous, soit sur la côte de Provence, soit sur celle de Bretagne, quand une terre
émerge, le plus souvent, c'est une roche nue, battue

par le vent ou brûlée par le soleil; ici, c'est un nid de
verdure; une végétation folle couvre les sommets
aussi bien que les rives où les arbres viennent trem-
per leurs rameaux dans les flots. C'est l'effet de la
chaleur torride et de cette pluie diluvienne qui tombe
à flots pressés plusieurs fois par jour. Je viens de
lire qu'il est des points de la côte où il tombe une
couche de 8 mètres d'eau par année. Oh! les rhu-
matisants! ils peuvent traverser ce beau pays, mais
qu'ils n'y séjournent pas!

En dehors de la situation ravissante où elle se
trouve, Singapore est une ville curieuse; son activité
commerciale est énorme, et son port renferme des
centaines, que dis-je, des milliers de navires; les
mâts sont si pressés, si nombreux qu'on ne peut les
compter.

La ville est moderne et toute en contrastes; à côté
de grandes et riches maisons d'une architecture en
général de mauvais goût, apparaissent des paillottes
malaises ou chinoises, étrangement sordides; mais
ce qu'il y a d'intéressant, c'est le monde mêlé qui s'y
agite. On voit des gens de toutes races, de toutes
couleurs. Ce qui domine, c'est le Chinois; depuis le
coolie et le conducteur de pousse-pousse au torse nu,
jusqu'au riche négociant qui se fait conduire en équipage. Mais à côté, se remue et s'agite le Malais à
la physionomie sournoise et fine, l'Indou indolent,
le Javanais et l'Annamite, sans compter le nègre
jeté là comme une épave. Sauf un pagne étroit, les

QUAI ET RADE DE SINGAPORE

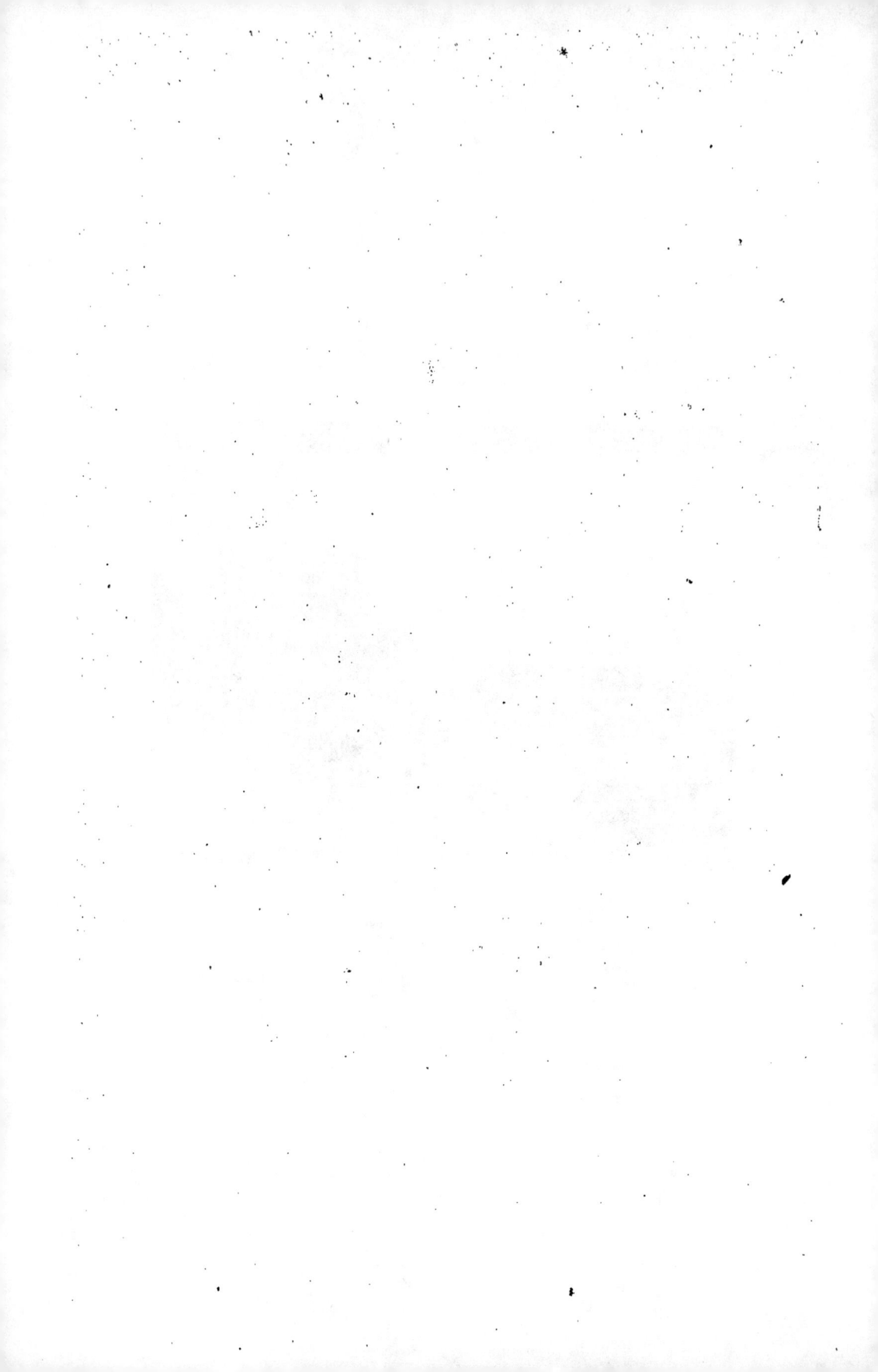

hommes du peuple sont nus; ils représentent toute
la gamme des couleurs, depuis le noir d'ébène jusqu'au jaune clair, en passant par le bronze et le
cuivre. Comme dans toutes nos escales, nous sommes

CAMPAGNE DES ENVIRONS DE SINGAPORE

descendus à terre et nous avons couché à l'hôtel.
C'est avec bonheur que j'ai retrouvé un grand lit
et que j'ai pu faire à l'aise ma toilette. Seulement,
comme revers de médaille, il a fallu se lever à 5 heures

du matin, le bateau partant à la première heure...
Allons, encore une averse... C'est un vrai déluge...
Je vous quitte ; bonsoir, à demain.

3 décembre 1907. — Nous touchons à la fin de
notre traversée; demain matin, nous serons à Saïgon;
ne soyons pas ingrats, jusqu'au dernier moment,
la navigation a été douce et facile. A peine quelques
jours de grosse mer. Mme de P... n'a jamais été sérieusement malade, et Mlle J... elle-même ne nous a
faussé compagnie que dans de rares occasions.
Puissent les mers de Chine et l'Océan Pacifique nous
être aussi cléments !

L'*Armand Béhic* va laisser les trois quarts de ses
passagers à Saïgon. Je viens d'avoir avec Mme P...,
la femme d'un haut fonctionnaire de l'Indo-Chine,
une curieuse conversation. Comme je lui parlais du
livre des *Civilisés*, ajoutant que je le considérais
comme un pamphlet... « Pas autant que vous pouvez
le croire, me dit-elle ». Et la voilà qui me raconte
des histoires rien moins qu'édifiantes !

Nous arriverons donc demain vers midi à Saïgon;
mais nous ne ferons que toucher barre, et jeudi
(24 heures après), nous nous embarquerons pour
Bangkok. C'est bien vite reprendre la mer, nous
serions restés tous bien volontiers quelques jours à
terre; mais notre programme l'exige, nous dépendons
du bateau. Je n'aurai que le temps de donner mon
linge et de commander des vêtements blancs. Je ne

sais comment font ces dames, car elles paraissent
chaque jour en blanc immaculé, et, à la grosseur de
mon sac, je me figure ce que doivent être les leurs.
Depuis ce matin, ô miracle, il n'a pas plu ! Puisse le
temps se mettre définitivement au beau.

Vendredi 6 *Décembre* 1907

Mes chers enfants, nous partons pour Bangkok;   **Saïgon**
nos bagages sont déjà sur la voiture qui nous conduit

RUE CATINAT A SAÏGON

au bateau. Je profite de ces quelques instants pour
causer avec vous. Je dois vous avoir laissés au moment où j'arrivais à Saïgon. Après nombre de lacets
dans la *Rivière,* nous apercevons les flèches de la
cathédrale émergeant des rizières, tantôt à droite,
tantôt à gauche; bientôt nous atteignons un large

bassin qui sert de port et nous nous frayons un chemin au milieu de nombreux navires. Nous accostons
au ponton des Messageries: Un monde énorme se
presse; l'amiral commandant et nombre de gros personnages civils avec lesquels nous avons voyagé débarquent : on vient officiellement à leur rencontre.
Quant à nous, nous étions déjà annoncés; un neveu
du général, M. de la R..., capitaine de frégate, commandant les torpilleurs de la Cochinchine, était venu
au-devant de nous au cap Saint-Jacques et nous
avions pu admirer les jolies manœuvres de son esca-
drille.

Le ponton des Messageries est en dehors de la ville,
et Saïgon, au débarquement, se présente à nous par
ses faubourgs; mais ce qui attriste surtout notre
arrivée, c'est une pluie torrentielle qui tombe subi-
tement et nous inonde. Toutefois, si les ondées sont
violentes, elles ne sont pas de longue durée; le ciel
ne tarde pas à s'éclaircir. Le temps est beau lorsque
nous arrivons à l'hôtel.

La première impression est plutôt favorable, et
lorsque le soleil se met de la partie, nous constatons
que Saïgon est vraiment une jolie ville coquette, élégante même et bien française, tranchant heureusement sur les ports anglais, où nous avons fait escale.
Saïgon est né d'hier; il y a quarante ans, il n'existait
pas; aujourd'hui c'est une ville de 50,000 âmes, en
dehors de Cholon qui en compte plus de 100,000.
Ses monuments publics sont grands, luxueux et d'un

style qui ne rappelle en rien l'art d'exportation. Les rues sont de larges avenues à plusieurs rangées d'arbres ; les maisons bien aérées sont en retrait au milieu de jardins où s'épanouit toute la flore des tropiques. Les squares, les jardins publics sont multipliés et les constructions restent dissimulées sous la verdure.

BOULEVARD NORODOM A SAÏGON

C'est riant, coquet et frais, autant que le permet la chaleur tropicale.

8 décembre. — En route pour le Siam.

Je reprends ma lettre. J'essayais de vous donner une idée de Saïgon ; je continue. Les rues ont une grande animation, elles sont parcourues incessamment par une foule bigarrée d'Annamites au torse nu, de Chinois à longue natte et d'Européens en casque et vêtements blancs. Les voitures, attelées de petits poneys minuscules vifs et fringants, sont en assez grand nombre; mais ce qui domine, c'est le pousse-pousse qui à droite et à gauche vous sollicite, et, sur un mot, part à toutes jambes. La place du théâtre, est le centre animé et élégant; notre hôtel, le Continental, occupe un des côtés; les autres angles sont pris par de grands cafés où l'on consomme, hélas! nombre d'absinthes et d'apéritifs. Le théâtre est grand, bien aménagé et d'assez bon style; il est, paraît-il, bien suivi; la ville fait pour lui de grands sacrifices, la subvention est de 150,000 francs. On jouait pendant notre séjour *Sapho*, et les premiers rôles étaient tenus par de bons artistes. La vie à Saïgon est très mondaine et... assez libre. Les *Civilisés* exagèrent certainement, mais le fond est malheureusement vrai...

Je reprends ma lettre que j'avais dû interrompre. Depuis quelques années, il s'est fait de grandes fortunes et les appointements des nombreux fonctionnaires sont très élevés. Chacun dépense sans s'inquiéter du lendemain et, avant tout, veut jouir. Aussi la vie y est-elle devenue assez chère. Non seulement les objets de luxe, mais les denrées communes ont sensiblement augmenté de prix. M. de la R..., qui habite Saïgon depuis deux ans, nous a donné des renseignements très curieux sur la vie qu'on y mène; ils doivent être exacts, et confirment ce que j'ai déjà entendu dire.

Quoi qu'il en soit des mœurs, la colonie est en pleine prospérité et la richesse est réelle. L'année

dernière, la Cochinchine a vendu jusqu'à 1,800 mille
tonnes de riz et le prix, qui d'ordinaire est de 80 fr.
la tonne, est monté à 110 francs et même 120. Nous
ne sommes restés cette fois que trois jours à Saïgon,
mais nous y reviendrons et nous aurons tout le loisir
de voir cette belle colonie qui n'a rien à envier aux
plus prospères des colonies anglaises.

Nous partions donc samedi soir pour Bangkok
par un bateau des Messageries fluviales, qui est loin
d'avoir le confort de l'*Armand-Béhic,* mais il faut s'a-
guerrir et nous sommes disposés à trouver tout bien.
Après avoir descendu la rivière qui n'est intéressante
qu'au départ de Saïgon, nous doublons le cap Saint-
Jacques et nous entrons dans une mer phosphores-
cente magnifique; mais la houle se fait sentir et la
nuit est mauvaise pour les cœurs sensibles. Le matin,
le temps se calme, et nous faisons escale à Poulo
Condor, délicieuse petite île où l'on a établi un pénitencier pour les Annamites et les Chinois. Le climat
y est sain, et le pays est si joli qu'on a vu des déportés
pleurer en le quittant. Après une navigation qui
redevient assez rude, nous nous arrêtons à Hong-
Chon, petit port de l'Indo-Chine, en face d'un groupe
d'îles qui, comme celles du détroit de Malacca, sont
couvertes d'une exubérante végétation. En ce moment, le flot s'est calmé, et nous faisons une délicieuse promenade au milieu de ces îles ravissantes
qui rappellent, dit-on, celles de la mer intérieure du
Japon. Mais assez pour aujourd'hui, mes chers en-

3

fants; je remonte sur le pont pour jouir du spectacle, avant la tombée du jour.

Lundi 9 décembre 1907. — La soirée d'hier avait été superbe mais la nuit et la matinée ont été mauvaises; nos malades sont vraiment à plaindre.

Toutefois, nous arrivons à l'embouchure du Ménam et bientôt nous n'aurons plus qu'une navigation fluviale. Demain nous serons à Bangkok, c'est de la capitale du Siam que vous parviendra cette lettre.

11 Décembre 1907.

Le Siam Bangkok

Je vous écris de ce Bangkok bizarre, étrange, fou, qui étonne et détonne, qui choque, et n'en force pas moins l'admiration par son dévergondage même de lignes et de couleurs. Mais revenons sur nos pas.

Je vous ai quittés à mon arrivée au Siam, à l'entrée dans le Ménam. Dès Paknam, la vue est riante, le paysage aimable, sans être réellement pittoresque; au lieu de rizières comme dans la rivière de Saïgon, ce sont de grands bois qui descendent jusqu'au fleuve, cachant des villages bâtis sur pilotis, avec leurs pagodes aux toits recourbés et se relevant en cornes. Le fleuve devient de plus en plus animé en approchant de la ville. Enfin, cette dernière se découvre et offre aux regards étonnés ses pagodes rutilantes d'or, de faïences et d'émaux, mêlées aux maisons croulantes et aux paillottes sordides. Cependant, alors qu'à gauche le fleuve est encombré de sampans et de barques, à droite, de grands navires sont embossés et sur la rive, au milieu de beaux arbres, on aperçoit quelques habitations européennes : ce sont les hôtels et les légations; au haut d'une grande vergue, apparaît le pavillon de France, et cela réjouit le cœur.

Dès notre arrivée, nous nous mettons en rapport avec M. de Margerie, le ministre de France au Siam,

VUE DE BANGKOK

et grâce à lui nous allons obtenir toutes les autorisations nécessaires pour visiter pagodes et palais royaux. M. de Margerie est un homme aimable, qui vous a connue, Denise, quand vous êtes passée à Constantinople avec votre père. Nous déjeunons à la hâte; et à 2 heures, malgré la chaleur, nous partons à travers la ville. Cette dernière est coupée de

canaux qui la traversent en tous sens et sur lesquels
vit, ou plutôt grouille, une population immense.
Autrefois, avec quelques sales ruelles, ces canaux
étaient les seules voies de communication; aujour-
d'hui, Chu-La-Long-Korn a percé de grandes artères
et l'on peut aller presque partout en voiture.

C'est ce dernier moyen de locomotion que nous prenons. Nous visitons d'abord des pagodes; que vous en
dirai-je? C'est bien difficile à décrire! Cette architecture avec ses pyramides, ses phras, ses pylônes,
ses portiques, ses toitures en accents circonflexes,
vous étonne tout d'abord et vous déconcerte; puis
vous vous apercevez que tout n'est pas fantaisie,
qu'il y a une ordonnance harmonieuse dans ce désordre apparent et, bientôt, vous êtes charmé, ébloui
même par ces lignes hardies et par cette variété infinie
de tons qui, au milieu de cette belle lumière, éclatent
comme des feux d'artifice. Ce ne sont que couleurs
vives : murs, colonnes, pyramides, pylônes, tout est
recouvert de faïences, de mosaïques ou d'émaux;
certains détails sont loin d'être parfaits, mais l'ensemble est d'un grand effet; on oublie la critique
et on est forcé d'admirer.

D'où procède cette architecture? C'est une grosse
question que je n'ai pas la prétention de résoudre,
mais cependant une pensée se présente à moi dont
je ne puis me défendre. Je ne l'exprime qu'avec
timidité, car je ne l'ai vue exposée nulle part. Cet art,
dit-on, vient de l'Inde et de la Chine; c'est un mariage

de ces deux styles, avec une note personnelle très
accusée.

Cette opinion peut et doit être exacte, du moins
en partie; mais je crois qu'il faut y ajouter une rémi-
niscence de l'art assyrien et même égyptien : les
colonnes avec leurs chapiteaux si caractéristiques, ces

TEMPLE A BANGKOK

bas-reliefs dans lesquels j'ai trouvé l'attitude des
archers de Suse me rappellent les reconstitutions
de M. et de Mme Dieulafoy. Comme très probablement les constructions assyriennes étaient, elles
aussi, recouvertes d'émaux et de faïences, le rappro-
chement que je fais n'est donc pas si extraordinaire...
Mais assez sur ce sujet, je m'égare et peut-être je
divague. En tous cas, une dissertation, ici, n'est
guère à sa place.

A bord du Donaï. — 13 *Décembre* 1907.

Je vous disais donc que cette première journée
s'était passée à parcourir la ville et à visiter des pagodes. Comme le bateau ne repartait que dans trois
jours, nous avions le temps de reconnaître le pays;
aussi nous partions le lendemain pour Ayouthia, ancienne capitale du Siam, aujourd'hui en ruines; mais
ces ruines sont imposantes. Ce que nous désirions
voir surtout, c'était la ville voisine, Kraong-Hao,
où se tient, sur le fleuve, le grand marché du Laos.
Rien d'intéressant, en effet, comme cette multi-
tude de barques, transformées en magasins et remplies de denrées, de fruits, d'objets de toute espèce
et cela sur une longueur de plusieurs kilomètres;
c'est pittoresque et amusant au possible.

Partis en chemin de fer, nous devions revenir en
barque à vapeur et descendre le fleuve pendant une
centaine de kilomètres. A l'heure dite, nous sommes
au rendez-vous et nous ne voyons rien venir! C'est
d'autant plus triste que la barque doit apporter
notre déjeuner et que nos estomacs crient famine.
Enfin, de guerre lasse, nous nous décidons à chercher nous-mêmes notre repas dans les boutiques
du marché. L'un découvre des œufs, un autre,
d'énormes crevettes qui ressemblent à de petits
homards; moi j'achète pour quelques sous 4 superbes

ananas et gaiement nous nous mettons à table. —
Mais il faut revenir, un train passe, nous le prenons;
nous venions à peine de nous installer dans un wagon
qu'un boy accourt, nous disant que la barque est
arrivée... Eh! bien! qu'elle retourne! il est trop
tard pour revenir par le fleuve.

En rentrant à Bangkok, nous trouvons une lettre
de M. de Margerie, nous disant qu'un officier du roi
se mettait à notre disposition pour nous faire visiter
pagodes et palais royaux. Il nous invitait par la
même occasion à déjeuner à la Légation.

Je ne vous dirai rien des palais royaux qui sont
modernes; ce serait assez banal, n'étaient les toits
qui ont conservé le caractère de l'architecture sia-
moise. De l'intérieur, il vaut mieux ne pas parler.
Quant aux pagodes, c'est un éblouissement, un
dévergondage inouï de lignes et de couleurs qui
portent au summum notre impression de la veille.
Le déjeuner à la Légation m'a vivement intéressé;
grâce à un de nos agents, M. Lortet, qui habite
l'Indo-Chine depuis 4 ans, j'ai appris sur cette région
plus que je n'aurais pu le faire par moi-même pendant de longues semaines. L'après-midi s'est passé à
visiter les marchés, les bazars, où ces dames ont fait
quelques acquisitions. Toutefois, rien de bien intéressant; il n'y a pas d'industrie locale; aucun art
original. Ce pays de Siam est, d'ailleurs, plutôt une
expression géographique qu'une nation. Là, plus
encore qu'à Singapore, qu'à Saïgon, nous retrou-

vons le Chinois qui s'empare du commerce, de l'industrie, de la banque, et peu à peu élimine le natif ; celui-ci, même dans sa capitale, ne constitue plus la majorité de la population. Ce rôle du Chinois dans l'Extrême-Orient est bien curieux... Mais attendons encore pour le juger.

Hier matin, remontée du fleuve en barque et visite des pagodes de la rive droite; à 2 heures, nous disions adieu à la capitale du Siam.

A bord du *Donaï*, nous retrouvons notre installation sommaire. Je n'ai jamais vu bateau plus incommode et plus mal tenu. Cependant nous versons chaque année à la compagnie des Messageries Fluviales une subvention de 1.800.000 francs. Nous serions en droit de nous montrer plus exigeants. Cette ligne de Saïgon-Bangkok pourrait avoir une réelle importance, car le Siam et la Cochinchine sont limitrophes et les capitales assez rapprochées. Dans ces conditions, les rapports commerciaux devraient être fréquents, en tous cas, faciles à développer, si la Compagnie faisait pour cela quelques efforts. Mais celle-ci, grassement rétribuée, voit déjà, par sa subvention, ses bénéfices assurés, et elle trouve inutile de se donner de la peine et de courir des risques.

Diable ! la mer se fait grosse, il devient difficile d'écrire......

16 *Décembre* 1907.

Partis depuis 3 jours, nous allons toucher au pénitencier où nous avons déjà abordé à l'aller.

La mer est vraiment houleuse, ce n'est pas une
mer démontée, mais nous dansons ferme. A part cela,
rien de particulier. Nous nous trouvons sur le bateau
avec un colonel du génie qui revient avec sa femme
d'un grand voyage en Indo-Chine. Partis de Saïgon,
ils ont remonté le Mékong jusqu'à Luang-Prabang;
de là, tantôt à cheval, tantôt sur éléphant, tantôt
en barque, ils ont gagné le bassin du Ménam qu'ils
ont descendu jusqu'à Bangkok. C'est, comme vous
le voyez, un voyage original; et Mme X..., qui est
gracieuse et jolie, a fait preuve d'une rare énergie.
Ce sont d'aimables gens avec qui nous avons déjeuné
chez M. de Margerie et qui nous ont rendu le
voyage de retour agréable... Quand je dis agréable,
j'oublie la sarabande que nous dansons en ce moment
et qui, même pour les marins, n'a rien d'attrayant.
Je ne puis plus écrire, il faut m'arrêter.

Mardi matin 17.

Après une pénible journée et une nuit plus mauvaise encore, nous arrivons à Saïgon. Je me porte
comme un charme, mais ces dames sont fatiguées.
Nous resterons à Saïgon le 18 et le 19 et nous ne partirons pour Angkor que le vendredi 20.

Samedi 21, Pnom-Penh.

Dimanche 22, traversée du grand lac et arrivée lundi matin 23 à Angkor.

Mardi 24, continuation de la visite d'Angkor.

Mercredi 25 et 26, retour.

Vendredi matin 27, arrivée à Saïgon.

Samedi 28, départ pour Java.

Tel est notre nouveau programme.

Que vais-je trouver à Saïgon? Lettre ou dépêche? Mais les lettres seront datées de 8 jours à peine après mon départ!...

Noël. — Retour d'Angkor.

Angkor   Je viens de passer ma nuit de Noël en charrette à bœufs, en sampan; et, pour le moment (midi), je suis en bateau à vapeur. Les Messageries fluviales ont changé leurs horaires et la journée de Noël que nous devions passer à Pnom-Penh nous trouve en plein voyage de retour.

L'excursion d'Angkor est difficile et fatigante, mais splendide. Je viens de voir une des 5 ou 6 merveilles du monde. — Revenons en arrière. Je vous ai laissés, il me semble, à mon retour à Saïgon. Nous y avons retrouvé la chaleur, moins fatigante cependant qu'à notre premier voyage; peut-être nous y habituons-nous. Nous connaissions la ville, nous voulions voir le pays. Nous prenons donc une auto, et, sur les belles routes de Cochinchine, nous parcourons 150 kilomètres environ, au milieu d'un pays d'une richesse extrême et qui, dans certaines parties, est pittoresque. Les chutes de Trian, au centre d'une forêt vierge, ont du caractère, mais la note dominante est la fertilité; tout a un air de réelle prospérité.

Le vendredi, nous prenons le chemin de fer pour Mytho où nous montons dans un bateau appelé « *La Ville de Saïgon* ». Triste bateau, comme tous ceux de cette malheureuse compagnie des Messageries fluviales, aussi sale et aussi peu confortable que possible ! Toute la journée et toute la nuit nous remontons le Mékong, fleuve magnifique, large comme un bras de mer et qui fertilise un immense delta. Le lendemain matin nous arrivons à Pnom-Penh, capitale du Cambodge, qui n'a rien de bien particulier et qui cherche à imiter Saïgon. C'est propre, coquet; on y respire l'aisance et le bien-être.

La ville est toute pavoisée, le gouverneur général, M. Beau, vient d'arriver et réunit là le Conseil colonial. On y fête l'annexion des trois riches provinces que vient de nous céder le Siam. Nous retrouvons M. de la R... qui a conduit le gouverneur sur son contre-torpilleur. Nous avons, grâce à lui, toutes les autorisations nécessaires pour visiter les pagodes et le palais du roi, où nous sommes reçus par le ministre en personne, qui nous invite de la part de Sissowaht à la grande fête qui doit être donnée le lundi, fête excep-

tionnellement belle où danseront les 300 danseuses
de Sa Majesté. « Impossible, nous partons ! » « Mais
alors, restez demain, et à l'heure que vous indiquerez,
je vous ferai danser les principaux sujets de la
troupe. » C'était bien tentant, mais les paquebots
n'attendent pas et il faut partir. Le soir cependant,
à défaut de la fête du roi, nous avons le bal donné
par la municipalité de Pnom-Penh. Nous ne man-

DANSEUSES DU ROI SISSOWATH

quons pas de nous y rendre. Non seulement nous y
trouvons M. Beau et les notabilités de la Colonie,
mais le roi et toute sa cour (côté hommes seulement,
hélas !). Naturellement, nous sommes présentés au
roi, au gouverneur, etc...; mais nous ne tardons
pas à rentrer à bord, car le lendemain nous partons
à sept heures. Nous quittons notre paquebot, dont
le tirant d'eau est trop fort, et nous en prenons un

autre plus léger, mais encore moins confortable. Les voyageurs sont nombreux — bêtes et gens sont empilés pêle-mêle sur cette coque de noix. Un mouton, la nuit, entend se loger dans la cabine de Mlle J...; impossible de l'en faire sortir.

Remontée du fleuve et du lac pendant toute la journée et toute la nuit; et, le lendemain matin, arrêt au niveau de Siem-Reap, au milieu du lac, en un point où nous attendent les sampans, qui nous font traverser une forêt aquatique. C'est vraiment curieux; on ne voit pas la terre; rien que l'eau et la tête des arbres. Enfin, nous arrivons à un tas de boue et l'on nous débarque. Un instant d'inquiétude — nous comptions trouver des charrettes — rien! Nous a-t-on oubliés! Enfin, les charrettes arrivent et nous commençons une pérégrination de 5 heures dans le moyen de locomotion le plus désagréable qu'on puisse imaginer. Il y a bien une manière de se caser, je l'ai expérimentée au retour; mais, pour le moment, je ne sais quelle position prendre et j'ai les reins brisés.

Le pays est pourtant curieux. D'abord, des marécages, le sentier passe au milieu des roseaux, franchit des mares où les charrettes s'enfoncent jusqu'à l'essieu; on se croit embourbé et l'on se demande comment on sortira; mais les courageux petits bœufs enlèvent l'équipage, et nous voilà enfin sur un sol ferme, au milieu de cases qui, sous les cocotiers et les bananiers, se pressent le long de la rivière. C'est

Siem-Reap. Bientôt les paillottes disparaissent,
nous entrons dans la forêt vierge; c'est un fourré
inextricable d'arbrisseaux, de lianes, d'où se détachent des arbres gigantesques d'un port magnifique,
dont les troncs sans branches s'élèvent à 20 et 25
mètres. Tout cela est intéressant, surtout pour le
forestier, mais que mes pauvres reins sont las !

TEMPLE D'ANGKOR WAHT

Enfin la forêt semble s'ouvrir, l'horizon se dégage
et nous découvrons un temple immense, gigantesque,
et cependant d'une harmonie merveilleuse. Je n'ai
pas la prétention de vous le décrire. Tout ce que je
peux dire, c'est que ce monument peut être classé
parmi les plus beaux du monde, et que, selon moi,
Angkor waht peut être comparé aux plus merveilleuses productions du génie humain, à Notre-Dame
de Paris, à Saint-Pierre de Rome, au Tadj. C'est aussi

pur de formes et c'est plus grand, plus imposant.

Je voudrais cependant vous en donner une idée.

Figurez-vous d'immenses bassins quadrangulaires de plusieurs centaines de mètres de côté enveloppant une première enceinte percée de portes monumentales. On accède à ces portes par des chaussées et des ponts ornés de sculptures, notamment de ces dragons à multiples têtes si caractéristiques du Cambodge. Cette première enceinte comprend de petits édifices, des jardins, des pièces d'eau et circonscrit une seconde enceinte qui constitue véritablement la base du temple.

Le long d'une plate-forme surélevée d'une vingtaine de mètres et à laquelle on accède par de larges escaliers, court une galerie à colonnade dont la paroi intérieure est entièrement couverte de bas-reliefs étonnants de vie et d'un modelé surprenant.

A cette galerie, succèdent une seconde, puis une troisième s'étageant en pyramide pour se terminer par une sorte de lanterne, couronnée d'un lotus. Des tours ou *phrats* rompent la monotonie des lignes sans déranger l'harmonie, je dirai même la simplicité de la conception architecturale. Le tout est couvert de sculptures qui ne laissent pas un endroit nu, pas une pierre qui ne soit travaillée... C'est en vain que je m'escrime à vous faire une description. Jamais je ne pourrai vous représenter cette merveille; les photographies elles-mêmes la reproduisent mal, c'est trop vaste et, en apparence, trop compliqué.

Notre visite d'Angkor waht a été dirigée par le commandant de la Jonquière qui a été délégué pour inspecter les ruines, depuis la réunion d'Angkor à la France. Il vient d'en faire une étude approfondie, il dégage les édifices et se contente de les consolider, sans entreprendre des réparations qui en modifie-

TEMPLE D'ANGKOR-WAHT

raient le caractère. Les travaux commencés semblent menés intelligemment et exécutés avec goût.

Rien d'amusant comme notre campement dans les ruines; tout avait été préparé avec soin par notre manager, M. Pin, dont nous ne saurions trop louer la prévoyante direction; nous trouvons des lits de camp avec moustiquaires, et on nous sert des repas auxquels nous n'étions plus habitués depuis notre navigation sur les Messageries fluviales. Quant aux petites misères inévitables du campement, nous les

supportons gaiement; ces dames se plient à tout et
sont superbes d'endurance.

Le lendemain, nous allons à Angkor-Thom. Ce
n'est plus seulement un temple, c'est une ville entière, dont les murailles forment un rectangle de
4 kilomètres de côté. Malheureusement là les ruines
sont en mauvais état. Cependant, le Bayom a encore
une apparence magnifique; l'architecture est plus
compliquée que celle d'Angkor waht, mais elle est
toujours d'une exquise élégance. Grâce aux indications du commandant et au guide qu'il nous avait
donné, notre visite est des plus intéressantes et nous
nous rendons bien compte de cette civilisation Cambodgienne (appelée à tort Kmer), aujourd'hui si bien
éteinte qu'hier encore on n'en conservait même pas
le souvenir; et pourtant de quel éclat n'avait-elle pas
brillé !

Après un succulent déjeuner auquel nous faisons
honneur, je retourne à Angkor waht pour le revoir
en détail et j'y termine ma journée. Nous ne faisons
pas longue veillée, devant lever nos tentes à une
heure du matin. A l'heure dite, 7 voitures à bœufs
nous attendent et nous commençons notre pénible
pérégrination.

O bonheur ! j'ai enfin trouvé une position, je finis
même par m'endormir ! Au soleil levant, nous reprenions les sampans et nous refaisions notre étape
aquatique. A 10 heures, nous remontions sur le bateau, où tous nous nous empressions de faire une

4

toilette un peu moins sommaire. Je me repose en
vous écrivant. Certes, c'est une excursion fatigante,
mais comme on est payé de sa peine ! Maintenant que
ces ruines sont à la France, on va les rendre plus abor-
dables, on ouvrira des routes, on construira des bun-
galos. Je suis certain qu'alors ces ruines splendides,
plus connues, attireront une foule de voyageurs;
mais l'excursion conservera-t-elle le même caractère pittoresque ?

31 *Décembre* 1907. — *Raffles Hôtel.*

Singapore   Je ne sais si je vous ai parlé de l'arrivée de ma lorgnette; merci. Quant aux biscottes absentes, j'en
fais facilement mon deuil, car je n'en ai plus du tout
besoin. Il n'y a rien de tel pour moi que le grand air
et une sérieuse dépense de forces. Même succès pour
mes rhumatismes; je n'en entends plus parler. Tout
d'abord sur la Mer Rouge et l'Océan Indien, l'abon-
dante chère du bateau et surtout la glace que je
m'étais mis à prendre, avaient réveillé quelques dou-
leurs. Vite j'ai supprimé la glace et la légère crise a
disparu comme par enchantement. Depuis lors,
jamais votre vieux père ne s'est mieux porté !... Et
pourtant il a eu bien des heures de fatigue, des réveils
à des heures étrangement matinales, des absences
prolongées de sommeil. Peu lui importe; depuis des
années, il ne s'est senti aussi dispos. Pour le moment,
bien que je me sois couché assez tard, j'ai dû me

lever à 5 heures pour prendre le bateau qui nous conduira à Java où nous arriverons seulement le 2 janvier. Mon 1er janvier se passera donc en mer, sous l'Equateur. Il sera pour nous tous, et en particulier pour moi, très triste; et ce ne sera pas la fête légendaire du passage de la Ligne qui me fera oublier qu'aux antipodes, à l'autre bout de la terre, j'ai des enfants et des petits-enfants qu'il ne me sera pas donné de bénir et d'embrasser...

Je vous ai envoyé par le *Tourane* qui nous a transportés de Saïgon à Singapore, de très nombreuses cartes postales. Elles m'ont paru intéressantes, bien qu'elles ne puissent vous donner qu'une faible idée du merveilleux Angkor. Je voudrais espérer qu'elles vous seront toutes remises.

2 Janvier 1908. — *Hôtel des Indes.*

Nous voilà donc à Java, l'île merveilleuse. La traversée sur la *Seyne*, bateau secondaire mais cependant assez confortable des Messageries maritimes, a été agréable. La mer était belle, et, presque tout le temps, nous avons longé les côtes de Sumatra, et des îles enveloppées de verdure qui la bordent. Dans toutes ces régions, le plus petit îlot, le moindre rocher est couvert de végétation et ressemble à une corbeille de plantes vertes. Rien n'est plus riant; on voudrait y vivre, y faire son Robin-

Java Batavia

son, n'étaient les tigres et les panthères qui, paraît-il, foisonnent dans ces parages.

Au soleil levant, nous étions en vue de Java. La première impression est charmante : la côte d'abord est basse et semble couverte d'un manteau de verdure qui s'étend jusqu'à la mer; mais le sol ne tarde pas à s'élever et de hautes montagnes profilant à l'horizon forment un majestueux fond de tableau. Le port est assez éloigné de la ville; malgré un certain nombre de navires, il est loin d'être fréquenté comme celui de Singapore. Nous montons en chemin de fer pour nous rendre à Batavia-ville, et je comprends alors la mauvaise réputation de la contrée. Nous traversons pendant une demi-heure des marais où l'eau de mer se mêle à l'eau douce, et produit ainsi un foyer de fièvres permanent. Mais nous ne resterons que 48 heures à Batavia, j'espère que nous serons épargnés. Nos bagages viennent enfin d'arriver. Il faut que ma lettre parte. Adieu...

Mardi soir 7 janvier.

Je vous ai quittés à Batavia vous disant ma bonne impression en arrivant dans l'île. Je ne puis que la confirmer. Tout ce que je vois a un charme exquis; et, avec mes compagnons de voyage, je n'hésite pas à mettre Java au-dessus même de la délicieuse Ceylan. Certes, qui n'a vu que Batavia et même Buitenzorg peut préférer Colombo, et surtout Kandy; mais il

KONINGSPLEIN A BATAVIA

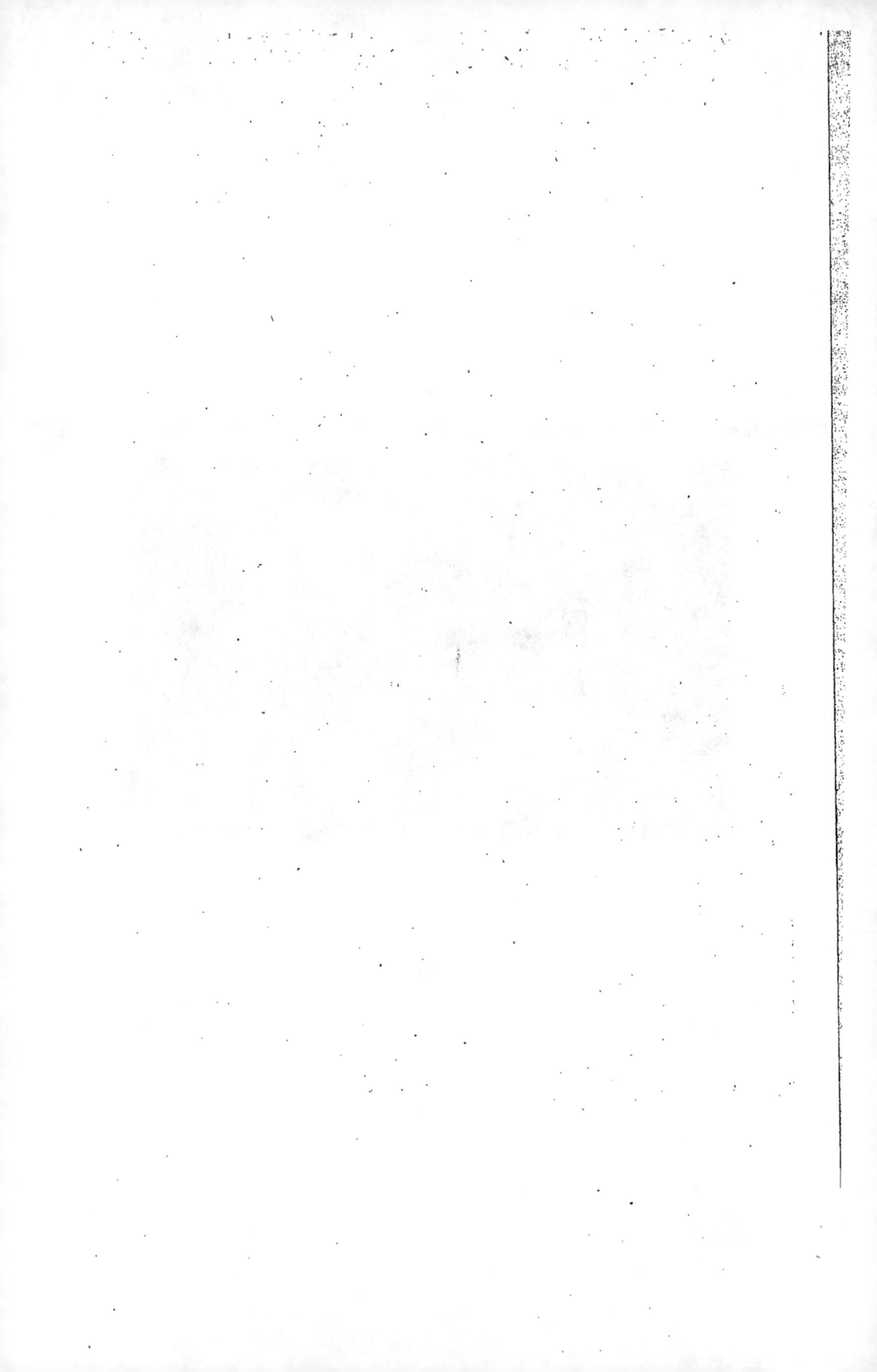

n'en est plus de même dès qu'on s'avance dans l'intérieur de l'île. Même richesse de végétation, mais cultures plus variées — sites surtout autrement grandioses avec des montagnes plus élevées et des volcans pittoresquement découpés.

Revenons sur nos pas. Les deux jours passés à Batavia ont été occupés par des promenades charmantes; nous avons pu nous rendre compte des types divers de cette population si dense qui donne une animation extraordinaire, non seulement à la ville, mais à la campagne environnante. Partis le samedi 4 pour Buitenzorg, nous y arrivons pour dîner; le pays se relève et l'on aperçoit déjà les montagnes, malheureusement couvertes de nuages. Le temps est menaçant; malgré cela, nous sortons en voiture et nous découvrons des environs charmants, pleins de couleur. Mais il est temps de rentrer, les nuages crèvent et il tombe une pluie torrentielle, comme on n'en voit que dans ces parages.

Buitenzorg

Le lendemain, le soleil se lève radieux; et nous allons visiter le jardin botanique. C'est le plus beau qui existe au monde; celui de Paradenia près de Kandy est certes remarquable, mais je n'hésite pas à placer bien au-dessus celui de Buitenzorg. Il y a surtout la salle des palmiers qui est le plus admirable décor qu'on puisse imaginer. Cette salle a pour colonnes les troncs des arbres tout recouverts de plantes parasites et d'orchidées échevelées, et pour toit le dôme des palmes, à une hauteur de 18 à

20 mètres. C'est d'un effet prestigieux ! Le soir, comme de coutume, le ciel se couvre et l'ondée journalière verse ses trombes d'eau; cette fois nous sommes à l'abri.

Nous partons à 5 heures pour Sindanglaya; six

JARDIN BOTANIQUE A BUITENZORG

voitures attelées chacune de 3 chevaux nous attendent, et en route pour la montagne.

Le panorama change : ce n'est plus la plaine de rizières coupées de bois, nous entrons, dans les gorges montagneuses. Parfois, la vallée est calme et riante, le plus souvent le ruisseau devient un torrent qui se précipite en cascades au milieu de bois de toutes essences, de grandes lianes et de gigantesques fougères arborescentes. C'est superbe et charmant à la fois. Tantôt on semble perdu au milieu de la forêt; tantôt la vue se dégage sur un horizon de montagnes bleues... je devrais dire vertes, car, presque jusqu'au sommet, tout au moins jusqu'à plus de 2,000 mètres, une magnifique végétation les recouvre. La roche, ou plutôt la lave, n'apparaît nue qu'à la crête. — A mi-chemin, nous nous arrêtons chez un planteur de thé qui gracieusement nous accueille, et notre déjeuner est servi devant un site superbe. Nous visitons ensuite l'exploitation, et nous payons en compliments l'hospitalité si aimablement offerte.

Mais il faut poursuivre notre chemin et nous arrivons au col qui passe à 1400 mètres. Là, nous descendons et nous allons à pied au milieu de la forêt visiter un amour de petit lac, ancien cratère que les eaux ont rempli. Nous renvoyons nos chevaux de renfort; car, partis chacun avec trois chevaux, nous en avons pris deux autres en route, de sorte que chaque voiture était tirée par cinq chevaux.

La descente sur Tangoer et la province des Préangers est peut-être encore plus belle que la montée. Cette province est une plaine d'une fertilité admirable; entourée d'un cirque de montagnes, elle rappelle un peu la Limagne, en beaucoup plus grand, beaucoup plus beau. Le descente se fait sans incident, bien que la pente et les courbes de la route soient parfois inquiétantes. A Tangoer, nous prenons le train et deux heures après nous sommes à Bandong, capitale **Bandong** de la province, d'où je vous écris. Cette ville d'une réelle importance et capitale d'une province de

1,200,000 habitants, est coquette et propre comme
toutes les villes hollandaises, mais elle est surtout
remarquable par sa situation dans une des plus
belles contrées qu'on puisse rêver. Nous venons de
faire une promenade que l'ondée quotidienne nous a
forcés d'abréger, mais qui nous a donné cependant un
aperçu du pays. Demain, nous allons en pleine région

PARC A BANDONG

de montagnes. Ces dames iront en chaises à porteurs
et nous à cheval. Vous le voyez, notre vie est assez
mouvementée; nos levers varient entre 4 et 5 heures
du matin; dans la journée nous sommes en voiture
ou en chemin de fer et nos heures de repas sont assez
irrégulières; mais nous allons bien, nous ne sentons
pas la fatigue et nous ne nous lassons pas d'admirer.
Quant à moi, je tiens à vous le répéter encore :
Jamais je ne me suis mieux porté ! Je m'oublie; il
faut s'habiller pour le dîner, car nous mettons le

smoking toutes les fois que cela nous est possible.
Nous voyageons en gens du monde corrects; espérons, du moins en ce qui nous concerne, que nous
ferons mentir la mauvaise réputation des voyageurs
français.

9 *Janvier* 1908.

Depuis ma dernière lettre nous avons fait l'excursion du Tangkoeban-Prahoe, volcan des environs de
Bandong. Réveillés à trois heures nous sommes
partis à quatre heures dans de petites voitures attelées de trois chevaux. Rien de particulier dans cette
première partie de l'excursion. Arrivés au pied du
cône, nous montons à cheval; et en route pour franchir les 800 derniers mètres. Le soleil s'est levé, mais
des nuages couvrent la cîme du mont. Toutefois,
le sentier traverse d'intéressants paysages. D'abord,
une immense plantation de quinquina, puis une
splendide forêt, où jamais le bûcheron n'a mis sa
cognée; les arbres sont merveilleux et entremêlés
de lianes et de fougères arborescentes... Mais par
ce temps humide que le terrain est glissant!
J'avais pris la tête de la colonne; Mme de P., que
huit hommes portaient dans une chaise venait la
dernière; entre nous, L. et les autres qui suivaient.
Tout à coup j'entends un cri; je me retourne et je
vois L. avec son cheval au fond d'un fossé profond,
plutôt une crevasse, la jambe engagée sous la bête qui

resserrée entre les parois, ne pouvait plus se relever.
Vous jugez de notre frayeur ! Nous nous précipitons,
mais nos efforts sont longtemps inutiles. Ce n'est
qu'avec beaucoup de peine que nous parvenons à
arracher le pauvre ami à sa situation critique.
O merveille ! il n'a rien de cassé; des courbatures,
des meurtrissures, rien de grave. Un des guides
lui fournit un autre cheval; énergiquement il se
remet en selle, et nous continuons notre route. En
deux heures et demie, nous arrivons au sommet.
Peu à peu, la végétation devient moins vigoureuse,
pour s'arrêter complètement aux environs du cratère.

Ce cratère a deux bouches : l'une est remplie d'eau
sulfureuse, l'autre de boue et d'eau bouillonnante. Il
a environ 4 kilomètres de circonférence et 100 mètres
de profondeur. Le gouffre est impressionnant. Malheureusement, nous ne pouvons jouir de la vue du
paysage qu'il domine, le ciel vient de se couvrir définitivement et l'horizon est voilé ! Nous mangeons
à la hâte notre déjeuner et nous repartons. Avec
Mlle J. et M. Pin, nous faisons la plus grande partie
de la descente à pied; elle est moins périlleuse qu'à
cheval. Toutefois, quelques centaines de pas avant
d'arriver, nous remontons sur nos bêtes et vite à la
Sala, car de larges gouttes commencent à tomber.
En effet, à peine arrivés tous les trois, un déluge se
précipite. Mme de P. nous rejoint; elle avait une
toiture à sa chaise à porteurs, elle n'est qu'à demi

mouillée. Mais le général, que devient-il? Décidément la mauvaise chance le poursuit!... En effet,
quelque temps après, il nous arrive trempé comme
s'il était tombé à l'eau. Chacun de nous se dépouille
pour lui prêter un fragment de costume, et grâce
au soleil tropical qui succède à l'orage, cette douche
affreuse n'a pas de suites fâcheuses.

Il était dit que la journée serait fertile en incidents !

CHAISE A PORTEUR

En effet la voiture dans laquelle j'étais installé avec
Mᵐᵉ de P. verse dans un fossé. Le précipice ne se
trouvait que 100 mètres plus loin, et l'accident reste
sans importance. A quelques pas de là, un des
chevaux de la voiture de L. s'abat; impossible de
le remettre sur pied ! Enfin, vers deux heures, nous
rentrons à Bandong morts de faim, mais en-
chantés tout de même de notre journée, où nous
avions eu plus de peur que de mal et où nous

avions vu une forêt tropicale et un volcan en demi-
sommeil. Inutile de dire que le reste de la journée
a été consacré au repos et... au bridge. Le soir, nous
ne nous couchions pas cependant avant dix heures,
et ce matin nous étions levés à quatre heures, pour
prendre le train qui nous menait à Garoët (prononcez
Garout, l'*oe* si commun à Java se dit *ou*).

Le trajet est vraiment superbe à travers des montagnes couvertes d'une végétation folle, et de riantes
vallées d'une fertilité merveilleuse. A peine arrivés,
nous allions en voiture à Sito-Bagendit où nous
faisions une promenade en barque au son d'un ga-
melong original. En ce moment repos, j'en profite
pour vous écrire.

Dimanche 12 *Janvier.*

aroët   Le courrier va partir, je ne veux pas fermer ma
lettre sans vous envoyer un dernier adieu et vous dire
les enchantements de ces deux derniers jours... Mais
vous devez être fatigués de mes dithyrambes — vous
me trouverez exagéré ou tout au moins trop facilement enthousiaste... C'est que, comme nature, je
n'ai jamais rien vu de plus grandiose et de plus
charmant à la fois. Je me sens d'ailleurs couvert par
l'opinion de Leclerc, du comte de Beauvoir, de l'empereur de Russie qui, prince héritier, était venu
dans ce pays. Forcé de le quitter sur l'ordre de son
père Alexandre III, il disait en partant : « Voir

Garoët et puis mourir ! » Ceci dit, reprenons le récit de ces deux journées bien employées, comme vous allez voir.

Partis vendredi à 5 heures du matin, nous nous dirigeons vers le Telega-Bodas, lac formé par un ancien cratère. Cette excursion rappelle celle du Tangkoeban-Prahoe. D'abord des rizières, étagées de façon à ce que l'eau puisse se déverser de l'une dans l'autre, avec des bouquets de dattiers et de bananiers jetés comme des massifs dans d'immenses pelouses vertes. Puis, vers 1,200 mètres des jardins maraîchers où, parmi les plantes tropicales, on cultive certains de nos légumes et pas mal de nos fleurs. Enfin à 2,000 mètres, point où dans nos régions la végétation cesse, et où la roche nue précède la neige, la forêt tropicale apparaît exubérante, folle, avec ses arbres gigantesques, ses lianes, ses fougères arborescentes. Ce n'est qu'en arrivant au sommet du cratère que les vapeurs sulfureuses arrêtent la végétation et que la roche apparaît. Mais tout d'abord quelle belle et poétique forêt ! quelles combes de verdure, quels effets d'ombre et de lumière !

Ceci dit une fois pour toutes, je n'y reviendrai plus. Nous arrivons donc au lac; il annonce sa présence par des vapeurs empoisonnées qui manquent d'agrément. Mais qu'il est beau lorsqu'il se découvre encadré de sombres forêts, avec sa nappe argentée de cristaux de sulfate d'alumine, qui ressemblent à du mica. Nous déjeunons à la hâte, et nous repartons, ayant encore à faire deux heures de cheval et deux heures de voiture.

Hier, samedi, nous allions au fameux Papandajan (2,600 mètres). Réveil à trois heures, et départ une demi-heure après. Je ne vous dis rien de la route. Voir ci-dessus. Les fougères arborescentes sont d'ailleurs moins belles. Déjà, loin du cratère, l'air est empesté d'odeurs sulfureuses qui nous prennent à la gorge, et un grand panache de fumée s'élève dans les airs. Nous saluons le fameux volcan : au faîte nous découvrons un immense entonnoir dans lequel bouillonnent, non pas une seule bouche, mais 10 à 12 crevasses qui vomissent de l'eau ou des vapeurs sulfureuses avec des nuages de fumée. Nous ne résistons pas au désir de descendre; et, précédés d'un guide qui s'assure d'abord du chemin, nous parcourons le cratère qui nous brûle les pieds. Au milieu d'un bruit assourdissant de soufflet de forge, nous nous approchons assez près de ces crevasses pour en examiner la forme et la structure. — Cette excursion au milieu de cet enfer ne nous a pas enlevé l'appétit, bien au contraire ! Nous revenons au col, d'où l'on découvre l'ensemble de ce fantastique tableau, et nous installons notre couvert au milieu du soufre et des scories.

A deux heures retour à Garoët, où nous nous couchons pour nous relever à 5 heures, frais et dispos, prêts à faire un bridge... Quand je dis frais et dispos, je parle pour moi; car L. doit se ressentir de sa chute plus qu'il ne veut le dire, et ces dames ont un peu de fièvre, de fatigue, ce qui n'a rien d'extraordinaire, après cette série de rudes excursions. Quant à moi, je bénis la Providence qui me donne la santé et les forces nécessaires pour supporter pareille épreuve.

Je viens de passer une bonne nuit. Je me sens solide... Pour l'instant, d'ailleurs, nous en avons fini avec les courses réellement fatigantes, nous ne les reprendrons qu'à Tosari. Mais que tout cela est beau, que tout cela est grand ! et, à côté de cette nature pittoresque et grandiose, des paysages frais et riants, d'un charme exquis !... Je m'arrête en vous promettant d'être plus sobre dans mon enthousiasme à l'avenir !

15 *Janvier* 1908.

Sur le conseil du résident nous sommes restés à Djocjakarta un jour de plus que ne comportait notre programme. Nous n'avons pas eu à le regretter. Je viens d'assister à une des plus intéressantes et à la fois à une des plus amusantes fêtes que j'aie jamais vue dans mes nombreux voyages. Procédons avec ordre. Nous sommes allés hier à Boroe-Boudoer. Elles sont superbes ces ruines; mais, malgré leur intérêt, elles n'effaceront pas pour nous le souvenir d'Angkor. C'est un temple immense de plusieurs cen-

Djocjakarta

5

taines de mètres de côté, avec succession de neuf terrasses et galeries toutes sculptées et garnies d'autels
boudhistes, aboutissant à un autel ou Dagoba cen-
tral, qui devait contenir autrefois une importante relique. Le plan est grandiose, mais la construction manque un peu de relief ; malgré d'intelligentes réparations, c'est un peu confus et l'aspect général est terne. Cette impression provient peut-être de l'éclairage,

PETIT TEMPLE A BOROE-BOUDOER

du jour qui était un peu voilé. Cependant, je
doute que l'on éprouve jamais là l'impression
d'élégance suprême qui se dégage d'Angkor. Je vous
envoie de nombreuses cartes postales, mais aucune
ne donnera l'idée de l'ensemble. La route est intéressante ; elle contourne le volcan Merapi dont le panache de fumée se dresse à plusieurs centaines de mètres
dans les airs, au-dessus du cratère. Quant à la position du temple, elle a été admirablement choisie :

Boroe-Boudoer s'élève au milieu d'un cirque de montagnes qui lui font un cadre des plus pittoresques.

Cette excursion nous avait pris toute la journée; le lendemain matin, par exception, repos; la cérémonie à laquelle nous sommes conviés n'est que pour neuf heures et demie. J'avais oublié de vous dire que l'étiquette, ici très stricte, exigeait un habit et le mien était resté dans une malle à Batavia. Le secrétaire du *résident* voyant mon embarras, me propose son habit qui me va à peu près ! je suis sauvé ! L. avait emporté le sien. Donc, à l'heure dite, en tenue réglementaire, nous étions chez le résident ; nous devions faire partie de son escorte. A neuf heures et demie des ambassadeurs viennent en grande pompe nous inviter de la part du Sultan. Les équipages s'avancent et nous nous rendons au Kraton. Là, le prince héritier nous attendait; il nous introduit dans

GRAND TEMPLE A BOROE-BOUDOER. (FRAGMENTS)

le palais; nous traversons plusieurs cours; on bat aux champs; la foule se prosterne. Enfin nous voilà dans la salle du trône; le Sultan s'avance au devant de « son père », c'est le nom qu'il se plaît à donner au résident pour sauver les apparences, car, en fait, ce dernier est le vrai souverain, et ne laisse à l'empereur que les hommages extérieurs et la pompe des cérémonies. Nous sommes présentés individuellement et l'on s'avance dans l'intérieur du palais. L'aspect n'est pas seulement bizarre, mais plein de charme. Les enfants, les épouses, les nièces du Sultan sont placés par groupes distincts, fixés par la plus rigoureuse des étiquettes. Sauf quelques grandes dames du palais, les femmes sont généralement très jeunes et jolies, tranchant complètement sur le type populaire,

FEMMES DU PEUPLE

qui est franchement laid. Rien de plus naturel, nous dit le Docteur Groneman; dès qu'il apparaît une jolie fille, on l'amène au Sultan qui écrème ainsi la

population féminine. Les costumes sont plus que
légers; un simple sarong retenu par une ceinture
dorée; le haut et le bas du corps sont nus. Les cheveux sont noués en chignon et fixés par des peignes
enrichis de pierres précieuses. Tout autour du Sultan,
rien que des femmes : sur le devant, les groupes de
jeunes filles dont je viens de parler; auprès du trône,
les grandes maîtresses du palais portant crachoirs,
éventails, etc...; à droite les femmes légitimes de
haut rang; et derrière, les autres femmes, au nombre
de deux à trois cents, n'ayant pas rang de princesses;
enfin, tout autour, les servantes innombrables, qui
servent de fond au tableau; et tout ce monde est
accroupi ou à genoux, et tous les fronts s'inclinent
à terre quand le Sultan parle. — Seuls, nous avons le
droit de rester assis ou debout.

Mais la cérémonie va commencer, le Sultan se
lève, les trompettes sonnent, les gamelongs font un
infernal charivari; et, à travers un peuple prosterné,
nous nous rendons dans une salle située au milieu
d'une cour immense : c'est là que doit avoir lieu la
cérémonie.

Oh! l'amusante, l'inénarrable fête! Jamais je ne
pourrai la dépeindre! La première partie, la plus
importante, consiste dans la revue des troupes.

Rappelez-vous les défilés du cirque ou du Châtelet
et laissez l'imagination la plus folle inventer des
tenues, des costumes excentriques... Vous n'arriverez
pas à atteindre la réalité ! Et l'on se dit que tout ce

que l'on voit n'est pas une machination théâtrale, mais de l'histoire; que c'est un souverain réel, et que cette armée n'est pas une armée de féerie, et que tous ces acteurs sont des princes et des grands seigneurs qui se prennent tout à fait au sérieux ! Alors nous n'avons plus envie de rire, mais nous sommes ahuris et émerveillés à la fois, par cette fastueuse et drolatique parade. Les troupes se mettent en mouvement; toutes les compagnies ont un costume et un armement différents, et quel costume et quel armement ! Elles défilent très lentement au pas de procession, probablement pour donner au souverain l'illusion d'une nombreuse armée; et, sortant du Kraton, elles vont sur la grande place ébahir la population. Mais voilà des danseurs !... non, ce sont des lanciers, ils défilent en dansant; j'ai peine cette fois à ne pas m'ébaudir, mais, bientôt, je suis frappé de l'élégance des mouvements, de la noblesse des attitudes... Je revois les peintures des vases grecs, je reconnais la pyrrhique antique, la danse sacrée, et je reste rêveur !...

Après le défilé des troupes vient celui des présents et des victuailles que l'on distribue au menu peuple. Les canons tonnent, les pétards éclatent, les musiques militaires et les gamelongs mugisssent... puis, tout à coup, le silence se fait, c'est l'heure des toasts. Quoi qu'en pays musulman, on fait distribuer aux invités des verres de Xérès, et l'on boit en l'honneur de la Reine, du Sultan, du Résident... que sais-je ? Les coupes sont remplies plusieurs fois. Les

toasts finis, l'armée réapparaît; elle va former la haie
sur notre passage lorsque nous reviendrons au palais.
Nous y retrouvons notre essaim de jeunes et jolies
femmes dans les mêmes positions qu'elles n'ont pas
conservées, je l'espère, pendant notre absence. Le
Sultan nous offre du thé, puis on se congratule en
langue barbare, saluts, poignées de mains, et nous
prenons enfin congé de Sa Hautesse, qui nous fait
reconduire en grande pompe à nos voitures. *E finita
la commedia!* Mais quelle pittoresque et amusante
comédie ! Dans toute cette cérémonie nous avions
eu pour guide le docteur Groneman, le savant
conservateur des antiquités de Java, que le Résident
avait chargé de nous diriger au milieu de cette étiquette surannée, mais compliquée et sévère. Quelle
était cette fête, et à quel propos? Cela m'inquiétait
peu; cependant, j'ai cru comprendre que c'était
une des trois grandes fêtes musulmanes de l'année.
Quelle fortune de nous être trouvés là ! Nous partons
demain pour Brambanam et Sourabaya.

Lundi 20 Janvier 1908.

Ma dernière lettre, je crois, était de Djocjakarta.
Je vous disais l'amusante fête chez le Sultan. Le 15,
nous partions pour Brambanam où la matinée était
consacrée à la visite des temples, curieux certes, mais
n'offrant rien de bien nouveau pour nous. Repartis
à neuf heures, nous arrivions à six heures à Soura-   **Sourabaya**

baya. La route traverse un pays riche et bien cultivé
où domine cette fois la canne à sucre. Le plus souvent de grandes montagnes se profilent à l'horizon;
mais nous sommes habitués à de si beaux paysages
que le trajet nous semble monotone. De Sourabaya,
rien à dire, si ce n'est qu'on y a bien chaud !... C'était
autrefois la capitale des Indes Néerlandaises, c'est
encore aujourd'hui la ville la plus importante de l'île.
Le lendemain à la première heure, nous partions pour
Tosari. D'abord chemin de fer, puis voiture, et le reste
du temps (environ trois heures) à cheval; mais la
beauté du trajet nous fait oublier la fatigue. Malheureusement, le ciel s'est voilé, et nous n'avons pu
jouir en arrivant à l'étape (environ 2,000 mètres) de
la vue splendide que l'on découvre sur les montagnes,
la plaine et la mer qui s'étend à l'horizon.

Le lendemain matin, à quatre heures, nous étions
à cheval, en route pour le Bromo. Malgré l'heure
matinale, le ciel est un peu voilé; mais, au soleil levant, il se dégage, et la vue devient de toute beauté !
Nous traversons d'abord de nombreux villages où
l'on cultive presque tous nos fruits et nos légumes.
A cette altitude, nous retrouvons le climat de France;
il a fallu bien nous couvrir, car il ne fait pas chaud.
Jusqu'à 2,200 mètres, les champs cultivés succèdent
aux jardins, nous traversons même des carrés de
choux! Puis, la végétation devient plus pauvre : aux
caféiers succèdent des bois résineux qui rappellent
nos pins; enfin, nous entrons dans la brousse, où

M. *Tigre* ne daigne pas se déranger pour nous; nous mettons seulement en fuite une troupe de singes. Enfin, la montagne se dénude et, après une dernière montée assez rude, tout à coup l'horizon se dégage et un gouffre immense de 300 mètres de profondeur se découvre devant nous. C'est l'ancien cratère, aujourd'hui une mer de sable unie comme une glace, de plusieurs mille mètres de diamètre, entourée de roches

CRATÈRE DU BROMO

perpendiculaires tombant à pic. Au centre se dresse un cône, mais celui-là silencieux et mort. Le cône en activité est caché; on entend seulement ses mugissements et on aperçoit son panache de fumée. Je n'y résiste pas, je lâche mes compagnons que cette descente à pic ne séduit pas, et me voilà parti. Grâce à mon bâton et à mes souliers ferrés, la descente se fait sans accident, et me voici au fond du gouffre. J'y retrouve mon cheval qui y est descendu je ne

sais comment, et je l'enfourche pour traverser cette
mer de sable bien fatigante à faire à pied. Je contourne
le premier cône et alors en apparaît un second un peu
moins élevé, mais autrement farouche. Il est haut de
220 mètres, moins haut par conséquent que la paroi
de la première enceinte ; c'est pour cela qu'on ne le
voit pas de loin. Il est entouré d'un océan de boues dont
les vagues se sont figées et dont l'aspect est désolé. Je
descends de cheval et grâce à des échelles posées sur
le sol j'atteins en grimpant le cône d'éruption. Assez
rude la montée ! mais je suis payé de ma peine ! C'est
le plus beau volcan que j'aie jamais vu, probablement
le plus beau du monde. La crête circulaire sur laquelle
je me trouve n'a que quelques mètres de largeur, et
immédiatement le cratère s'ouvre presque à pic avec
de grandes bandes régulièrement striées, descendant
jusqu'à l'orifice du cratère qui, à l'entrée, doit avoir
encore 60 à 80 mètres. De cette gueule monstrueuse
sort, avec un bruit infernal qui va se répercutant
dans les échos des parois, une immense colonne de
fumée qui, tantôt noire, tantôt jaune, tantôt rouge,
se colore de tons fantastiques. Bien que cramponné
au bras de mon guide, c'est avec un véritable effroi
que je contemple cet abîme, je sens une sorte d'attrac-
tion... Encore un peu j'aurais le vertige... je comprends qu'il faut descendre. Au pied du cône, je retrouve mon cheval, je traverse à nouveau la mer de
sable qui, aux temps préhistoriques, devait être le
cratère primitif, et je gravis la paroi à pic. Mes com-

pagnons sont partis; je bois à la hâte la bouteille
de bière qu'ils m'ont laissée, et je repars sans perdre
de temps, car le ciel se couvre et l'orage menace.
J'ai beau faire diligence, les nuages me gagnent, et
c'est sous une pluie torrentielle que j'arrive à
Tosari.

Une bonne douche chaude et il n'y paraîtra plus !...
Je me trompe, il me reste à l'épaule une petite dou-
leur de rhumatisme; elle disparaîtra à la chaleur de
la plaine... elle a déjà presque disparu.

Le lendemain, par les mêmes moyens, nous rentrons à Sourabaya et de 2,000 mètres, nous descen-
dions au niveau de la mer. A partir de Sourabaya,
nous revenons sur nos pas; mais, cette fois, nous nous
arrêtons à Solo. Mes compagnons en ce moment font
la sieste, j'en profite pour vous écrire.

Sept heures du soir. — Rien de bien intéressant à
Solo. Le Kraton rappelle celui de Djocjakarta. Visite
aux tigres, aux panthères, aux éléphants. Mêmes
grandes salles, mêmes ornements, avec les jolies
dames de la cour en moins. Demain matin, nous
partirons pour Batavia.

Soerakarta ou Solo

25 *Janvier* 1908.

De Solo à Maos rien d'intéressant. Même route,
banale, déjà vue; du riz, d'immenses champs de canne
à sucre, avec des bouquets de cocotiers, de bananiers

et de bambous qui ne sont autre chose que des villages; on n'aperçoit ni maisons, ni cases; elles sont dissimulées sous la verdure, et cependant elles doivent être en grand nombre, car la population est d'une densité extraordinaire : plus de 1,000 habitants par kilomètre carré. Dans le pays d'Europe le plus peuplé, la Belgique, il n'y en a que 227. Aussi quel mouvement sur les routes, quelle foule dans les marchés ! Nous voilà à Maos; le gouvernement y a installé un hôtel Terminus, où l'on doit forcément coucher, les trains ne marchant pas la nuit. Le matin, à cinq heures, nous étions en route et cette fois pour douze heures, jusqu'à cinq heures du soir, heure d'arrivée à Batavia. Le temps cependant n'a pas paru long; à deux heures de Maos, la voie aborde la montagne, et le paysage devient splendide; j'avais déjà fait ce parcours, mais cette fois je le fais en sens inverse et il me paraît plus beau encore. Je revois Garoët, le Téléga-Bodas, le Papandajan et ces merveilleuses montagnes éveillent en moi de délicieux souvenirs. Nous prenons ensuite un embranchement qui nous mène directement à Batavia sans passer par Buitenzorg. La première partie de cette route, nouvelle pour nous, est également très belle; la voie se maintient à des hauteurs qui varient entre 500 et 800 mètres et nous traversons des gorges profondes, sur des ouvrages d'art qui sont parfois impressionnants. Mais la fin du voyage se fait en pays plat, monotone et plutôt laid. Nous sommes si gâtés !

Enfin, nous voilà à Batavia. Je vous en ai déjà parlé, je n'y reviendrai pas, si ce n'est pour vous dire que nous y trouvons un repos bien gagné. Nous y restons une journée complète, et je vais en profiter pour me renseigner sérieusement sur l'agriculture de Java. Pendant toutes mes excursions, soit en plaine, soit en montagne, j'ai bien regardé tout autour de moi; mais que de choses dont je n'ai pu me rendre compte ! Je n'ai rencontré personne pour me renseigner à Sourabaya; mais à Batavia, je vais trouver les bureaux de l'administration, ou, à leur défaut, des sociétés agricoles. Eh bien ! rien ! tout est à Buitenzorg !

C'est là que réside, à l'abri des fièvres paludéennes, le Gouvernement général et il a entraîné avec lui les bureaux. Je suis contrarié; mais que faire? Sous le couvert du consul, j'écris au directeur de l'Agriculture à Buitenzorg lui demandant de me répondre à Hong-Kong. La réponse me parviendra-t-elle? A la grâce de Dieu !

Hier matin, nous reprenions le bateau des Messageries, *La Seyne*, qui nous avait amenés il y a cinq semaines, et nous quittions cette île enchantée, emportant une moisson de délicieux souvenirs, sur lesquels je vivrai longtemps, aussi longtemps que ma vieille mémoire voudra bien les conserver. Mai quelle chaleur au départ !... Dans les altitudes où nous avons vécu la plus grande partie du temps, nous n'y étions plus habitués: sur le pont, à l'ombre, il fait 35°. Nous partons, Batavia disparaît d'abord, puis son cadre de montagnes. Adieu Java !

Nous gagnons la pleine mer, la navigation se fait délicieuse, la brise s'est levée, et, sans même rider la mer, a rafraîchi le temps. Le thermomètre ne marque plus que 26 à 27°. C'est idéal. Nous avons retrouvé ces jolies îles vertes qui bordent Sumatra; dans quelques heures, nous repassons la Ligne, et ce soir nous rentrerons dans notre véritable hémisphère. Mais ce que j'ai vu de l'autre est bien beau !...

Saïgon. — 30 *Janvier* 1908.

Nous ne sommes restés que vingt-quatre heures à Singapore, le temps de faire la tournée des « Grands Ducs » comme dit L...; visite des théâtres malais et chinois, des fumeries d'opium, etc. C'était curieux, pas propre, mais intéressant cependant. Aujourd'hui grand conseil ! Nous avons décidé la continuation du voyage; c'était ici, en effet que nous devions prendre une détermination définitive. Il semble que tous, nous l'avons prise avec un égal entrain. Tu auras donc à verser le complément du prix, quand l'agence te le réclamera. Nous avons retrouvé pour notre retour de Singapore à Saïgon, un des grands bateaux des Messageries, un des rares que nous ne connussions pas encore — l'*Ernest-Simons* — beau navire du même type que l'*Armand-Béhic*, sur lequel nous avons été bien. Mer agitée toujours

CASERNE A SAÏGON

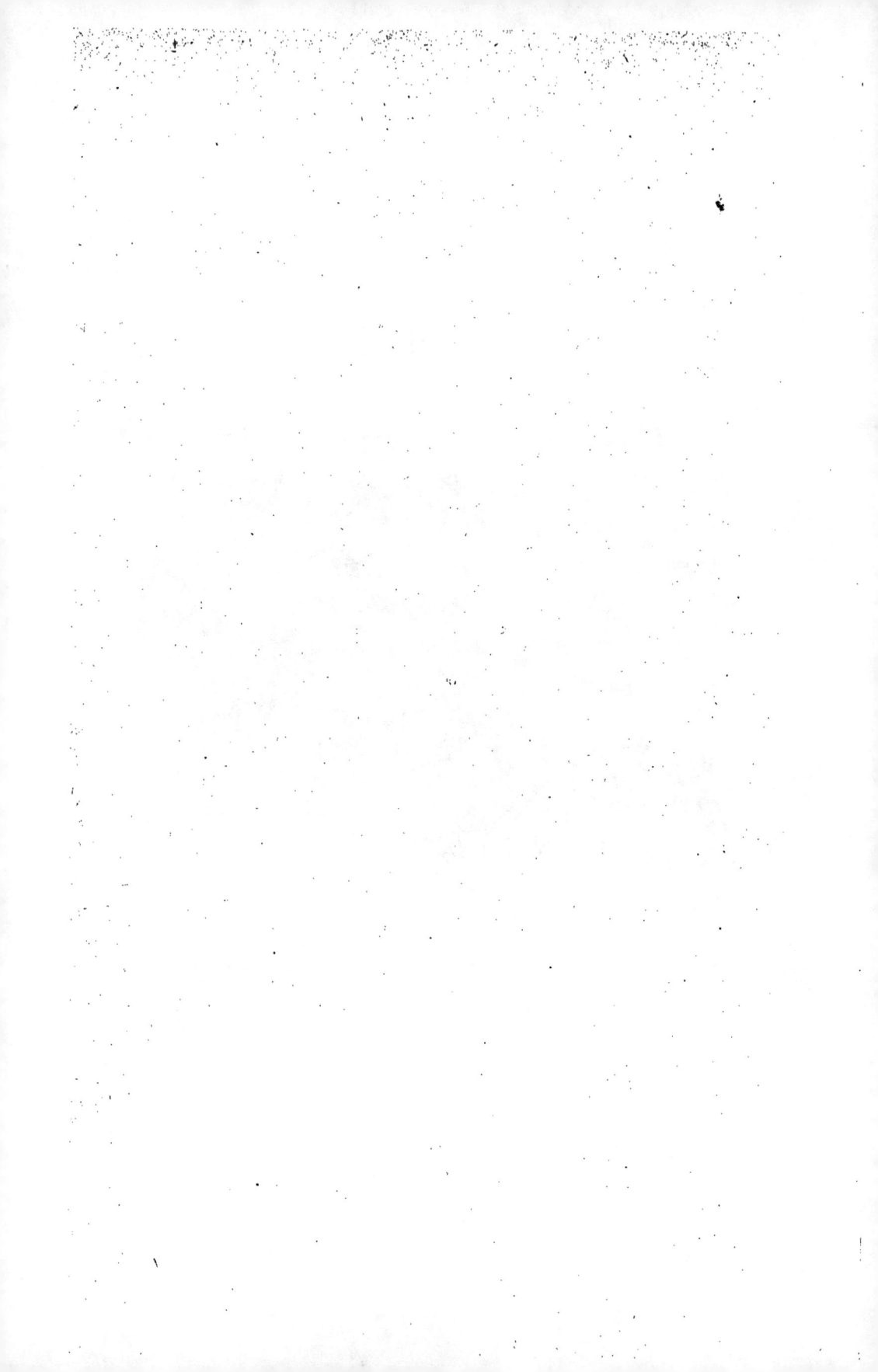

vers Poulo-Condor; ces dames se sont couchées et la traversée n'a pas été trop dure. Il n'en sera probablement pas de même demain et les jours suivants. La mer est presque toujours mauvaise sur les côtes d'Annam avec la mousson du Nord-Est qui sévit en ce moment. Nous devons nous embarquer sur un des moins mauvais bateaux de cette ligne secondaire; espérons que la traversée ne sera pas trop pénible. Jusqu'à ce moment, j'ai très bien supporté la mer sans la moindre fatigue, mais les gros temps nous attendent; serai-je toujours aussi vaillant? Aujourd'hui, à Saïgon, repos.

3 *Février* 1908.

On n'avait cessé de nous prédire une horrible traversée sur un méchant raffiot, le long de ces côtes d'Annam, presque toujours mauvaises par cette mousson de *Nordé* (devenons-nous assez marins !); le dernier paquebot même était tombé au milieu d'une tourmente qui l'avait ballotté pendant six jours au lieu de trois, durée ordinaire du trajet. Nous trouvons un bon navire remis à neuf, — *le Colombo* — très propre malgré ses cancrelas, et un temps radieux. Pas le moindre vent, une mer unie comme un lac et un ciel clair et limpide qui nous permet de découvrir nettement ces belles côtes d'Annam que l'on peut comparer aux plus intéressantes parties de la Riviera. Nous faisons une rencontre assez inattendue, celle

**Annam
Tourane**

6

du jeune de M..., le fils du député. Il était parti en
Extrême-Orient avec ses cousins de C. T., mais
Mme de C. T. étant tombée malade à Saïgon, ils
avaient été obligés de se séparer. Le pauvre garçon
était descendu avec nous à Tourane; mais comme il
n'avait pas retenu de place à l'hôtel, il a craint de
coucher à la belle étoile ! Aussi est-il parti immédiatement pour Hué ! C'est en effet en ce moment la
fête du Tet, le premier de l'an chinois, aussi bien
qu'annamite. Pendant quelques jours, il est impossible de se faire servir et d'obtenir quoi que ce soit des
indigènes; sans notre boy, le brave Léon, nous serions
obligés de nous servir nous-mêmes. C'est la même
chose pour les colons qui sont tenus de donner congé
à leurs domestiques et qui, pendant ce temps,
viennent s'installer à l'hôtel, dans l'espérance bien
illusoire d'être servis.

Tourane est dans un site pittoresque, au fond
d'une rade qu'entourent de hautes montagnes bien
découpées. Mais elle n'offre, comme ville, rien d'intéressant. Nous partons demain pour Hué; le trajet
se fait à présent en chemin de fer, et on ne passe plus
par le célèbre Col des nuages; mais la route est, dit-on,
très belle encore. Nous resterons là trois jours pleins;
c'est tout ce qu'il faut pour visiter le palais et les
tombeau des empereurs.

L'Empereur Thanh-Thai a été déposé dernièrement, après avoir été forcé d'abdiquer en faveur de
son jeune fils. Cette abdication est très diversement

jugée. « C'est un fou sadique », dit le Résident de Hué. « C'est une victime de la persécution religieuse », disent les autres. Thanh-Thai avait pour ministre et conseil un mandarin converti dont il n'a pas voulu se séparer. *Inde iræ!* On l'aurait trouvé trop indépendant et plutôt trop intelligent. La vérité est entre les deux versions, je crois. C'est un homme que les passions du harem ont plus ou moins détraqué et qui a dû se livrer à certains excès courants d'ailleurs dans l'Extrême-Orient; mais ce n'est pas un fou, et l'on a profité de la circonstance pour se débarrasser d'un prince dont l'intelligence et les tendances portaient ombrage. C'est surtout l'œuvre du Résident; Doumer s'était toujours opposé à cette mesure. Beau n'y a souscrit qu'à son corps défendant.

Il ne faudrait pas beaucoup de faits de ce genre pour soulever le mécontentement des populations. L'Annamite est conquis; son humeur douce et facile lui fait accepter le joug qu'on lui impose; joug assez léger et qui est compensé par une sécurité plus grande et un développement incontestable de richesse. Il n'oublie pas cependant son ancienne indépendance; et, pour le moment, il est encore travaillé par des sociétés secrètes et une active propagande menée par les Japonais. J'ai eu, à ce sujet, de curieuses révélations données par les Pères des Missions qui forment le clergé de ce pays et qui, fréquentant les diverses classes de la population, sont à même d'être bien renseignés. Rien de grave assurément,

mais on relève certains indices qui ne sont pas sans
importance et dont il conviendrait de tenir compte.
Doumer, Beau, qui sont des hommes intelligents,
ont semblé comprendre la situation; mais on leur
envoie de France des frères et amis, dont ils ne
peuvent pas toujours diriger les tendances. Je parle
surtout pour Beau; car Doumer était un homme
de gouvernement, devant lequel il fallait plier, tandis
que Beau, animé des meilleures intentions, ne sait pas
se faire obéir. C'est un peu, en ce moment, la cour
du roi Pétaud! On parle de son rappel en France;
par qui sera-t-il remplacé? Un homme énergique
serait bien nécessaire à la tête de cette superbe colonie qui ne demande qu'à se développer, mais qui
sent le besoin d'être gouvernée.

6 *Février* 1908.

Hué   Le trajet de Tourane à Hué est splendide, les côtes
de Provence et d'Italie n'offrent pas de plus beaux
et de plus grands paysages de mer et de montagnes.
Quant à Hué, c'est une petite ville, quoique capitale,
proprette et riante, assise sur une rivière qui a l'aspect d'un grand fleuve. Son pont de 500 mètres de
long est jeté sur des eaux qui coulent à pleins bords.
Toutefois, pas de cachet particulier : c'est presque
du déjà vu. En entrant dans le palais, nous sommes
reçus par le petit roi en personne. Sa Majesté a huit
ans, et elle a déjà un air de gravité amusant. Elle

nous fait très gentiment les honneurs de deux ou trois salles, et nous quitte en nous donnant une poignée de mains avec une vraie dignité. En voyant ce gentil enfant, à l'air distingué et intelligent, je ne pouvais me défendre d'un sentiment de tristesse. Que deviendra-t-il en grandissant, au milieu des harems? Il ne faut pas surtout qu'il se montre trop intelligent; on lui ferait bien voir qu'il est un déséquilibré comme son père !

En rentrant, le ciel se couvre et, depuis lors, il ne cesse de pleuvoir; pluie la nuit, pluie la matinée, pluie pendant toute notre course aux tombeaux des empereurs. Ces tombeaux passent pour une des belles choses de l'Indo-Chine. Est-ce l'effet du temps? C'est possible, mais j'ai eu un peu de désillusion. Ces tombeaux sont plutôt des palais que les empereurs se construisaient de leur vivant, palais au milieu de jardins et des parcs qui, par un beau soleil, doivent avoir de la couleur, mais qui, par ce jour triste et sombre, paraissent ternes. Leur architecture tient du Siam et de la Chine; mais c'est plutôt du décor que de l'art. Comme nous sommes loin d'Angkor ! Nous rentrons plus ou moins trempés, et je crains que le temps ne soit pris pour la journée. Demain, nous devons continuer cette visite des tombeaux et nous repartirons samedi pour Tourane. Vous voyez que notre voyage se poursuit régulièrement et marcherait à souhait... n'était le temps qui a brusquement changé. Nous avons tous abandonné le vêtement de toile blanche et repris les costumes de laine. On nous annonce la même température au Tonkin. Il fait bien encore 22°; mais c'est le froid pour nous, qui sommes habitués aux chaleurs de Saïgon et de Batavia.

8 *Février* 1908.

Tourane   Je vous écrivais, de Hué, après notre première visite aux tombeaux des empereurs, que nous avons faite par une pluie battante. Naturellement, ma description n'était pas enthousiaste. Hier, par une belle journée, la visite a continué, l'impression reste la même. C'est gracieux, parfois assez imposant; mais le plus souvent, c'est du truqué, du décor qui s'effrite et moisit sous le climat humide de Hué. C'est bien loin d'être la merveille à laquelle je m'attendais, d'après les récits des voyageurs. Pourtant, la promenade d'hier a été agréable, d'abord en voiture, puis en sampan. Le déjeuner sur les marches de la pagode de Gia-Long a été amusant, et le retour sur la rivière de Hué vraiment agréable. L'arrêt à la pagode de Confucius ne nous a rien fait voir de bien intéressant. L'édifice, dit-on, est dans le style chinois. Si, dans le Céleste empire, je ne vois rien de plus beau, je serai déçu. Retour ce matin de Hué à Tourane; c'est là qu'est décidément le clou de l'Annam. Rien de beau comme cette route; je la connaissais déjà et je l'apprécie encore davantage en la revoyant.

Le chemin de fer, presque tout le temps, suit le
bord de la mer ; tantôt il longe des plages aux courbes
exquises, tantôt, à travers viaducs et tunnels, il esca-
lade la montagne, découvrant dans ses nombreux
lacets des horizons incessamment nouveaux. Je ne
sais rien qui puisse être comparé à ce délicieux trajet ;
à lui seul, il vaut le voyage.

Hôtel Métropole. — 13 *Février* 1908.

J'ai reçu vos lettres et vos commissions... Je m'oc-
cuperai des fourrures de Denise à Pékin, mais quelle

Hanoï

MONTAGNE DE MARBRE A TOURANE

responsabilité ! Ces dames m'aideront certainement ;
que de soucis quand même ! J'étais parti avec l'idée
de ne rien acheter, vous allez voir que je vais me
ruiner.

Ma dernière lettre était de Tourane ; je vous disais

l'impression plutôt terne que j'avais eue de Hué; à
Tourane, visite des Montagnes de marbre et, cette
fois, aucune déception. Ces montagnes calcaires surgissent d'un sol de sable absolument plat et se découpent d'une façon très pittoresque. Elles sont percées
de tous côtés de grottes, de cavernes, dans lesquelles
sont installés des temples bouddhiques dont l'effet
est original. Nous avons déjeuné au sommet d'un

RUE PAUL-BERT A HAÏPHONG

de ces monts, ayant pour horizon d'un côté une
plaine immense cernée de montagnes et de l'autre la
mer qui venait se briser à nos pieds. Rentrée le soir
au lamentable hôtel de Tourane (nous avions quitté
nos chambres depuis trois jours et nos eaux n'avaient
même pas été jetées). En voyage, il faut se montrer
accommodant ! Le 10, embarquement pour Haïphong,
sur le Cachar, autre bateau des Messageries. Nous
finirons par les connaître tous ! Pas brillant, le ba-

teau, et piètre marcheur ! Mais la mer n'est pas trop
mauvaise. Nous arrivons sans encombre à Haïphong
qui est une très jolie ville coloniale; elle n'a rien de
pittoresque; mais elle est coquette, reluisante, toute
neuve. Son développement est vraiment extraordinaire; il y a quinze ans, ce n'était qu'une bourgade
de pêcheurs, aujourd'hui c'est presque une grande

PETIT LAC A HANOÏ

ville; en tous cas, elle est taillée pour le devenir.
Hanoï nous fait encore une plus vive impression.
Malgré la pluie et le crachin qui n'ont pas cessé depuis notre arrivée, nous reconnaissons la grande ville,
la capitale dont les larges avenues plantées de grands
arbres sont déjà en grande partie bordées de jolies
maisons et de monuments. Je le répète, au point de
vue pittoresque, rien de curieux, mais comme Français et patriote, il est impossible de ne pas trouver

ces villes très intéressantes. Je ne crois pas que les Anglais, dans leurs colonies, aient jamais mieux fait. Cette impression s'impose, même aux gens les plus prévenus.

Vendredi 14. — Je ferme ma lettre précipitam-ment, j'apprends à l'instant que nous partons pour Tuyen-Quan. Tâchez de me déchiffrer !...

16 *Février* 1908.

en=Quan   *Cercle des officiers.* — Je vous envoie à la hâte un souvenir de Tuyen-Quan. Nous venons de visiter la citadelle, et nous sommes encore tout pleins des récits de ce beau siège où la valeur française s'est vraiment retrouvée comme à ses plus beaux jours et qui a été le point de départ de la conquête définitive du haut Tonkin. Cette histoire, vous la connaissez, je ne vous la raconterai pas. Je vous dirai seulement que, du haut du réduit central, on domine tout le pays et que la vue de la plaine, du fleuve et des montagnes est vraiment belle. Le trajet en bateau de Viétry à Tuyen-Quan doit être intéressant; il a malheureu-sement été gâté par un temps horrible, un crachin continuel qui semble nous poursuivre depuis notre arrivée au Tonkin.

Partis de Hanoï à trois heures, nous arrivons à Viétry vers sept heures; là, nous prenons le bateau où nous couchons. Le matin nous trouve en Rivière claire, et vers cinq heures du soir, nous arrivons à Tuyen-

Quan. Pas grand, l'hôtel de Tuyen-Quan; il ne peut pas nous loger tous. Heureusement le cercle des officiers m'offre une chambre, et c'est de là que je vous écris. Tout à l'heure, nous devons aller visiter une mine de calamine; mais je dois dès maintenant fermer ma lettre, si je veux qu'elle vous arrive avec le timbre de cette ville du haut fleuve. Demain, voyage de retour. Espérons que le temps sera plus favorable et que nous verrons enfin le Tonkin par le soleil. Si j'ai le temps, je vous dirai ce que je pense de cette partie de notre colonie, et l'avenir que l'on peut en attendre. Pour le moment, je ne puis vous dire qu'une chose, c'est que je gèle ! Il a fait hier 14° au-dessus de zéro, et c'est glacial pour qui revient de Java et de Cochinchine. Ce temps, d'ailleurs, est exceptionnel et tout le monde grelotte. Cette nuit, avec deux couvertures, j'avais à peine chaud, et, malgré les vêtements d'hiver, je crains fort de m'enrhumer. On nous dit que ce temps, à cette époque de l'année, est spécial au Tonkin et que nous retrouverons la chaleur à Canton !

18 *Février* 1908.

Vos commissions me mettent bien en peine; je ne sais au juste ce qui peut vous plaire. Il y a, depuis quelques années, au Tonkin, une école de broderies sur soie, qui est remarquable. Ces broderies sont supérieures à celles de Chine, surtout à présent que les dessins se sont améliorés tout en conservant leur caractère. Elles sont en tous points intéressantes. J'en ai acheté un certain nombre, et, naturellement, je vous réserve les plus belles; mais je me demande si je ne devrais pas encore en acheter davantage. Si j'avais trouvé quatre panneaux tout faits, je me serais laissé tenter, mais, comme ils ne sont pas prêts, je n'ai pas osé les commander. Nous avons tous été étonnés des jolies choses que nous avons trouvées à

TEMPLE A HANOÏ

Hanoï. Il y avait un paravent superbe comme bois et comme panneaux de soie, que j'aurais eu dans de bonnes conditions; mais vous connaissant déjà plusieurs de ces meubles, je ne vous l'ai pas acheté. Malgré tout ce que l'on a pu me dire, j'espère qu'il y a encore des bibelots en Chine et au Japon; je me réserve pour ces pays.

21 *Février* 1908.

Je reviens à Tuyen-Quan, le pays de Dominé et
du beau siège qui nous a tant impressionnés lorsqu'il
nous a été raconté sur les lieux mêmes; mais aussi
doux pays de tigres et autres animaux sauvages, qui
fréquentent les forêts enveloppant la ville. Ainsi que
je vous le disais, je logeais au cercle des officiers; dans

LA RIVIÈRE CLAIRE A TUYEN-QUAN

le jardin habitait un superbe python de cinq mètres
de long, mais qui, Dieu merci, par ce temps de crachin, ne sortait guère de sa cachette. Je ne l'ai donc
pas vu, ce dont d'ailleurs je ne me plains pas. A
50 mètres de là se trouve le bureau de poste. Un in-
digène apporte un jour, à ce bureau, une lettre et
demande des timbres; l'employé se lève pour les
chercher et revient au guichet... plus personne ! un

tigre avait enlevé notre homme. Absolument historique, et cela se passait l'année dernière.

A 500 mètres de Tuyen-Quan se trouve une mine
de calamine (minerai de cuivre). Dans les écuries,
trois jours avant notre visite, un tigre avait mangé
un cheval. Mais je n'en finirais pas si je voulais vous
raconter toutes les histoires dont nos oreilles ont été
rebattues, et qui ne sont pas des contes de croque-
mitaine. Notre visite à la mine a été intéressante, et
on est émerveillé quand on pense que le capital a
été remboursé dès la première année et qu'il sera
décuplé avant peu de temps. Nous revenions au bateau, lorsqu'un buffle au pâturage, nous apercevant,
renifle, baisse les cornes et fond au galop sur nous.
A quelques pas, il s'arrête et, tout frémissant, s'ap-
prête à nous charger à nouveau... L'ingénieur qui
nous accompagnait nous fait prudemment revenir
sur nos pas et nous disparaissons dans la brousse où
Monsieur Tigre nous laisse passer. Je vous ai envoyé
des cartes de Tuyen-Quan, dont la situation est charmante, dans un coude de la rivière, entouré de belles
montagnes boisées. Le fort occupe un mamelon au
centre de cet arc de cercle, et c'est grâce à cette position, qu'il a pu résister à l'assaut des 20.000 Chinois
qui l'assiégeaient. Le crachin nous avait épargnés
pendant notre séjour; il nous a repris au retour; c'est
désolant, car le trajet en bateau est vraiment beau.
A Viétry, nous reprenions le train, et nous rentrions
à Hanoï, pour dîner.

Le lendemain, départ pour Langson. Cette fois, le parcours est franchement laid; d'abord le Delta plat et monotone, puis de hautes collines nues, sans végétation, tristes d'aspect. Un instant, surgissent des montagnes calcaires, dont l'effet est assez pittoresque; puis la série de taupinières reprend jusqu'à Langson. Là, le paysage change, la plaine s'élargit, une rivière

PORTE DE CHINE PRÈS DE LANGSON

s'y déroule, qui, cette fois, ne va plus au Sud, mais coule vers le Nord, pour se jeter dans le Tchou-Kiang, qui passe à Canton. L'aspect nous paraît d'autant plus riant que l'on était fatigué du triste tableau que nous n'avions cessé d'avoir sous les yeux.

Langson est dans un vaste bassin entouré de montagnes, au milieu duquel surgissent des blocs de marbre analogues à ceux que nous avons vus à Tourane. L'effet en est saisissant. Là, s'étaient retran-

Langson

chés les Chinois; et les Français les avaient délogés
après un brillant combat, lorsque Herbinger, saisi
d'une panique incompréhensible, ordonne la re-
traite ! Et les Chinois fuyaient de toutes parts sur
les routes de Chine. La frontière est en effet à deux
pas. Nous y allons, et nous franchissons une porte
qui défend l'entrée du Céleste Empire. Cette porte se
prolonge de chaque côté par des murailles crénelées,
qui relient les montagnes où sont juchés les forts.
Toutes les hauteurs sont également couronnées de
batteries, qui en imposeraient si l'on ne savait que
les canons sont simulés ou bien en bois. De notre
côté, nous avons dû, pour pacifier le pays, établir le
long de la route une série de fortins, presque tous
abandonnés aujourd'hui.

Depuis notre arrivée, nous ne voyons que des dé-
parts de soldats : il paraît que nous réduisons beaucoup notre effectif, confiants dans l'alliance anglaise
qui nous garantit du côté du Japon.

Toutefois, bien que le pays soit pacifié, les colons
se plaignent et prétendent, à tort ou à raison, que la
sécurité devient moins grande et que de nombreux
vols se commettent. Peut-être regrettent-ils surtout
les garnisons qui donnaient quelque animation aux
postes et aux villes frontières. Je dois reconnaître
que, sur certains points, à Tuyen-Quan par exemple, la campagne est dépeuplée et que des terres,
autrefois cultivées, sont aujourd'hui en friche. Cela
provient, me dit-on, du Résident, qui a été nommé

dernièrement : il y a contre lui un *tollé* général ;
mais il se maintient quand même. Quoi qu'il en soit,
malgré les fautes commises et les forces mal employées, malgré le fonctionnarisme et ses entraves,
notre colonie de l'Indo-Chine est superbe, et nous
avons le droit d'en être fiers vis-à-vis de n'importe quelle autre nation, voire même de l'Angleterre.

Le 22 Février.

Je termine à Haïphong ma lettre commencée à
Hanoï. Nous venons en effet de quitter cette aimable
ville d'Hanoï, que nous n'avons pas cessé de voir sous
la pluie ou le crachin et qui, néanmoins, nous a beaucoup plu. Quant à moi, je la préfère de beaucoup à
Saïgon. Non seulement le climat y est plus sain,
mais l'aspect général me séduit davantage. Les habitants eux-mêmes m'ont produit une meilleure impression ; les hommes y ont une bonne tenue et les
femmes m'ont semblé comme il faut. Je ne parle,
bien entendu, que des apparences ; c'est la seule
chose que j'aie pu constater. A une station, nous
sommes abordés par de M. qui revenait de la baie
d'Along, et qui se rendait à Hanoï, avec les deux
compagnons de voyage qu'il avait recrutés à Haïphong. Plus en rapport d'âge et de goût avec eux,
il n'aura pas lieu de nous regretter.

Nous ne faisons cette fois que toucher barre à

Haïphong

7

Haïphong et nous partons pour la baie d'Along,
dont on nous a dit tant de merveilles. Nous couche-
rons ce soir sur le bateau, frété pour nous, et nous partirons demain à la première heure pour être au jour
levant dans la baie. Nous y resterons deux jours,
dînant et couchant à bord, et naviguant au milieu
de ces îlots dont les formes étranges sont, dit-on,
si pittoresques.

Nous voyageons vraiment d'une façon délicieuse :
tout est prévu, préparé d'avance ; nous n'avons
à nous occuper de rien, et nous pouvons jouir à notre
aise des spectacles incessamment nouveaux qui se
déroulent devant nos yeux. Tout, d'ailleurs, marche
à souhait ; et, en dehors des conditions exceptionnelles de notre voyage, nos rapports charmants rendent la vie commune très agréable.

Mais adieu ; il faut encore boucler nos malles, et si
nous n'avons pas à nous occuper de nos bagages
(58 colis !), il faut au moins les tenir prêts, ce qui
n'est pas une petite affaire.

24 Février 1908.

Nous voilà pour deux jours au repos ; le bateau
pour Hong-Kong ne part que dans la nuit de mardi
à mercredi.

Nous revenons de la baie d'Along. Haïphong est
rapidement visité ; c'est donc un moment de répit
dont je profite pour mettre de l'ordre dans mes

affaires, et faire l'expédition d'une masse de bibelots
qui m'encombrent. Je m'étais promis de ne rien
acheter; mais comment trouver le moyen de résister,
alors qu'on est entouré de gens qui bibelottent, et que
de pareilles occasions se présentent ! Comme bien
vous pensez, j'ai succombé...

Nous venons de parcourir en tous sens la baie
d'Along pendant deux jours et trois nuits. Un bateau, plutôt un yacht, avait été mis à notre disposition, et, seuls sur ce joli et coquet navire, nous
faisons ce que nous voulons, allant où cela nous con-
vient, nous arrêtant suivant notre bon plaisir. La
Perle est un navire neuf, bien aménagé, d'une
propreté minutieuse, et tout le personnel, depuis le
capitaine jusqu'au dernier des mousses et des boys,
s'ingénie à nous bien servir. Je vous envoie
un des menus de nos dîners, ajoutez-y seulement
les vins fins, bourgogne le matin et champagne
le soir, et vous aurez une idée de la façon dont
nous avons été traités. Mais revenons à la baie
d'Along. Il y a trois merveilles en Indo-Chine, nous
disait-on : les ruines d'Angkor au Cambodge, les tombeaux des empereurs en Annam, et la baie d'Along
au Tonkin. De ces trois merveilles, je retranche
les tombeaux de Hué; mais restent Angkor et Along
qui méritent leur réputation. Nous avons déjà vu à
Tourane et à Langson des montagnes de marbre;
mais ici, au lieu de se dresser dans une plaine, elles
surgissent du fond de la mer, découpées en formes

bizarres et percées de mille grottes d'un effet fantastique. Et ces îlots ne sont pas isolés, mais au nombre
de milliers qui, parfois, se pressent de telle sorte
qu'ils semblent fermer l'horizon; cependant, le bateau poursuit sa marche, il paraît vouloir se heurter
sur les roches, et l'on est tout étonné de trouver un
passage où un fond suffisant permet d'évoluer. La

BAIE D'ALONG

première grotte visitée est celle des *Merveilles;* on
ne la soupçonne pas du dehors, à peine une petite
crevasse. On s'engage dans cet étroit couloir, mais
bientôt la voûte s'élargit, s'élève et l'on se trouve
dans une salle immense d'où descendent colonnes,
stalactites et draperies de marbre du plus merveilleux effet. La circulation n'est pas facile; et, pour
avancer, il faut se livrer à une véritable gymnastique.
Mais comme on est payé de sa peine ! A la première

salle en succède une autre, puis une troisième, et l'on se demande quelle est la plus belle ! Un peu plus loin, descendant dans une petite barque, nous pénétrons dans un étroit tunnel, très bas de plafond ; en sortant de ce boyau, nous entrons dans un cirque immense, sorte de grand lac entouré de montagnes à pic de plus de 80 à 100 mètres de haut. Que vous

BAIE D'ALONG

dirai-je encore ? Nous nous engageons dans un autre tunnel qui ne semble pas avoir de fin ; il a, dit-on, douze kilomètres de long. Nous n'y avançons qu'éclairés par des torches ou des feux de bengale. Je renonce à vous décrire toutes les choses curieuses que nous avons vues, cela deviendrait fastidieux ; et cependant, notre admiration, pendant ces deux journées, a été tenue en suspens et n'a jamais été lassée. Il faut vous dire que ces roches calcaires ne s'offrent

pas seulement aux regards, à l'état de pierres nues,
mais qu'il n'y a pas une surface à peu près plane,
pas une anfractuosité où ne se niche de la verdure
et même des arbres. Cette végétation sur la pierre
reste pour moi une énigme.

Nous partons dans deux jours pour Hong-Kong.
Nous allons donc aborder cette Chine étrange, bizarre, qui excitera peut-être plus ma curiosité que

BARQUE DE PÊCHE (BAIE D'ALONG)

mon admiration. Je ne m'attends pas d'ailleurs à
monts et merveilles; et, à ce compte, je ne serai pas
déçu. Cela n'intéressera, je crois, sans trop me surprendre et surtout sans me charmer. Ce que je trou-
verai sans doute de plus remarquable en Chine, ce
sont les Chinois; leurs colonies, à l'étranger, m'ont
prévenu en leur faveur; il me reste à les apprécier sur
place, dans leur pays.

24 *Février.* — *7 heures du soir.*

On me remet une lettre chargée de timbres, revenant de Batavia; datée du 25 décembre, elle était
arrivée après mon départ de Java et, depuis, courait
après moi.

25 au soir. — Je termine ma lettre, qui doit partir
demain pour le Sud, alors que je prendrai ma route
vers le nord. Voilà plus d'un mois que je parcours
notre Indo-Chine, et j'en reviens avec la conviction
que nous avons là une des plus belles colonies que
l'on puisse envier; sol et sous-sol sont également
riches et, si les résultats acquis sont satisfaisants, un
avenir plus grand encore se prépare. Mais cet avenir,
est-il permis d'y compter? Oui, si les nations européennes s'entendent et font face à l'ennemi commun, le Jaune, et, spécialement aujourd'hui, le
Japonais.

Il n'y a plus à se le dissimuler : malgré les signes
apparents d'activité et de richesse, il commence à
régner un certain malaise, qui pourrait entraver
l'essor de la colonie, s'il se propageait. On regarde
vers le nord, avec une certaine anxiété. Espérons
que l'Angleterre, d'ordinaire si bien inspirée, ne lais-
sera pas les coudées trop franches à son amie, la
nation japonaise. Elle est la première intéressée
à ne pas laisser s'étendre l'influence jaune; les
Etats-Unis, eux aussi, ont l'œil ouvert, et je sais,

de source certaine, qu'ils se préparent à une lutte
qui peut-être un jour deviendra nécessaire. En attendant, en Indo-Chine, ainsi que je vous le disais,
on évacue, on désarme. On considère la pacification
intérieure comme achevée et la sécurité extérieure
garantie. Peut-être le gouvernement, dans son désir
d'alléger le budget, se fait-il illusion et va-t-il un
peu vite. Je ne crois pas qu'il y ait danger menaçant,
mais certains symptômes se produisent, dont il
serait prudent de tenir compte.

Je parlais tout à l'heure de mines. J'ai visité ces
jours-ci les mines de houille d'Hongaï : on exploite
à ciel ouvert des couches de charbon de 60 mètres
d'épaisseur. On reprend les mines de Kébao, et de
nombreuses concessions sont demandées : en Annam,
au Tonkin, peut-être aussi dans le Laos, on prospecte,
avec la quasi certitude de trouver de nombreux et
riches gisements.

29 *Février* 1908. — *En mer, détroit de Haïnan.*

Je vous écris encore sur le papier d'Haïphong;
et pourtant finie la France et ses colonies ! Nous
sommes partis pour la Chine, embarqués pour l'Empire du Milieu, que nous avons déjà touché à Haïnan.
Désormais, nous ne verrons plus flotter le drapeau
français que sur de rares consulats; nous n'enten-
drons plus le gai clairon de nos sonneries militaires

qui, même à l'autre extrémité de la terre, nous rappellait la Patrie. Allons !... pas trop de regards en arrière ! En avant... toujours plus loin !...

Partis avant-hier de Haïphong sur *l'Hanoï*, bon petit navire de l'armateur Marty, nous sommes un peu à l'étroit, mais avec assez de confortable ; la nourriture est passable et le capitaine complaisant et homme du monde. Mais que nous allons lentement ! C'est que le brouillard nous prend à de fréquents intervalles, intense, opaque ; le capitaine, assez inquiet, ralentit sa marche, et fait beugler la sirène ; il cherche à esquiver barques et navires et à éviter les écueils et les courants dangereux de ce détroit si resserré d'Haïnan. Pourtant, je crois qu'en ce moment nous avons franchi la passe difficile et que notre marche se poursuivra sans encombre..., sinon sans un doux balancement qui ne facilite pas précisément la régularité de mon écriture.

Nous voyageons avec un homme agréable et intéressant, le Père Procureur général des Missions étrangères et apostoliques d'Extrême-Orient, qui rentre à la Procure de Hong-Kong, après une tournée en Indo-Chine. C'est un homme intelligent, qui a vu et appris beaucoup de choses et dont la conversation est d'un extrême intérêt. Il connaît à fond la Chine, et nous donne sur ce pays de précieux renseignements. Grâce à lui cette triste journée ne nous a pas paru trop longue.

Ah ! que cette sirène est horripilante ! A la longue,

elle vous met dans un état d'énervement extraordinaire !

6 heures. — De brouillards en brouillards, nous
avançons quand même; et, sans trop de retard, nous
arrivons à Hong-Kong.

1er *Mars* 1908.

Hong=Kong

Je n'ai fait encore qu'une courte promenade ;
mais l'impression a été des plus favorables. La ville

VUE DE LA RADE DE HONG-KONG

est située sur une île, dans une position superbe,
au bord de la mer, à flanc de montagne; les maisons
s'étagent au milieu de la verdure, découvrant une
vue admirable sur le détroit, le golfe peuplé de
navires, et le continent hérissé de monts abrupts.

Nous étions arrivés par la brume, mais le temps

s'est dégagé, et le soleil nous a permis d'admirer ce
beau panorama. Tout à l'heure, nous sortons pour
aller au Peak; demain courses dans les magasins,
et après-demain nous serons à Canton! Par moment, en voyant l'existence que je mène, je me
demande si je ne rêve pas!

2 *Mars* 1908.

Je vous quittais hier pour aller au Peak, c'est-à-dire
au sommet de la montagne à laquelle est adossé
Hong-Kong. La vue s'étend au loin sur la ville, la

QUAI DE HONG-KONG

rade, la côte chinoise et sur les îles environnantes.
Nous avons pu en jouir pendant quelque temps;
mais les nuages n'ont pas tardé à venir, et nous avons
dû descendre, enveloppés de brouillard. Le Peak a
environ 5 à 600 mètres; on fait le trajet partie en

funiculaire, partie en chaise à porteurs et le sommet se franchit à pied. Nous avons passé le reste de la journée chez les marchands. Les occasions sont nombreuses dans ce lieu de passage et port franc; on trouve nombre de belles choses au milieu de beaucoup d'objets de pacotille. J'ai fait quelques acquisitions qui vous plairont, je l'espère.

Dans la soirée, nous sommes allés à Happy Valley, jolie vallée au centre de l'île, où l'on a installé un champ de courses et un cimetière. Ce dernier, en pente, adossé à la montagne, est charmant; il ne s'en dégage aucun sentiment de tristesse, on aimerait à y reposer. Décidément, cette ville d'Extrême-Orient a tout ce qu'il faut pour séduire, même le lieu d'éternel repos.

4 *Mars* 1908.

**Chine
Canton**

Me voici donc à Canton, la ville chinoise par excellence, où bat véritablement le pouls des Célestes, où la vie chinoise se perçoit réellement, mieux qu'à Nankin la morte, mieux surtout qu'à Pékin, centre mongol, cité des conquérants, où réside la dynastie régnante. — Je vous ai quittés à Hong-Kong et je vous disais l'impression charmante que m'avait faite cette cité, mi-anglaise, mi-chinoise, située dans un cadre vraiment unique. Partis le 3 au matin, par un temps gris et sombre, hélas! nous ne profitons pas du spectacle de cette rade admirable. Notre bateau

est un immense navire anglais, luxueusement installé
comme les grands bateaux des fleuves d'Amérique.
Le pont supérieur est réservé à la première classe —
Européens et riches Chinois, — l'entrepont est exclusivement occupé par les indigènes des classes infé-
rieures.

Peu à peu, le temps se dégage, et nous pouvons
jouir des rives du Tchou-Kiang qui sont pittoresques.

JONQUES SUR LE TCHOU-KIANG

A la Bocca Tigris, le fleuve se resserre et les côtes se
hérissent de canons. Aux vieux forts se sont jointes
des batteries modernes qui ne seraient pas faciles à
affronter, si elles étaient bien servies. Bientôt, l'animation du fleuve annonce l'approche d'une grande
ville; les navires, déjà nombreux, se multiplient, et
nous voyons tous les genres de bateaux que l'imagination peut rêver. Tout d'abord, la jonque tradi-

tionnelle avec son avant au ras de l'eau et son arrière
surélevé, rappelant les *châteaux* d'arrière de nos
anciennes galères, le steamer moderne à vapeur dont
les mâts sont vierges de voiles, et enfin un bateau
que je n'avais pas encore vu, avec une grande roue à
l'arrière, que font mouvoir dix à douze hommes,
marchant sur un plan mobile et qui servent ainsi de
moteur. Nos anciens galériens ramaient avec leurs

INTÉRIEUR DE TEMPLE A CANTON

bras; ces pauvres diables manœuvrent avec leurs
jambes, et ce travail de forçat leur est payé 20 *cents*
ou 50 centimes !

Avant d'arriver, nous voyons à l'ancre la marine
de guerre; croiseurs et canonnières paraissent bien
tenus. Mais nous regardons surtout les vieilles jonques de guerre, toutes peinturlurées et ornées de vieux
canons qui doivent être dangereux surtout pour ceux
qui les manœuvrent.

Enfin, apparaît la ville, à travers les mâts innombrables; on aperçoit d'abord les flèches gothiques de
la cathédrale catholique; quelques tours de porcelaine annonçant des pagodes, et les mâts de pavillons de nos Légations; malgré cela, l'ensemble est
plat et sans relief. Je ne vous ai pas dit que notre
navire portait un semblant d'arsenal, en prévision
des pirates qui, paraît-il, n'ont pas absolument cessé
de faire parler d'eux. Dans le cours du voyage, nous
n'avons pas eu l'occasion de nous en préoccuper.
Mais que vois-je au moment d'accoster? De tous
côtés, des barques nous entourent, nous sommes har-
ponnés par mille gaffes, des gens à mine patibulaire
montent à l'assaut du navire et s'emparent de tout
ce qu'ils trouvent à bord... Heureusement qu'ils se
disputent, nous avons le temps de nous reconnaître,
et nous nous rendons compte que c'est à nos bagages
qu'ils en veulent. C'est affaire à M. Pin; tout sera
bientôt en place à l'hôtel. Enfin, on aborde et nous
pouvons descendre. Dieu, quelle foule! quelle bous-
culade! On recommande de se grouper; nous nous
frayons un passage et, cent pas plus loin, nous
gagnons un canal dont on franchit le pont fermé par
une barrière; nous sommes dans la concession française.

Sur un îlot entouré d'un côté par le fleuve et de
l'autre par un canal, se trouvent les deux concessions, française et anglaise, où se groupent les consulats et toutes les habitations européennes. La

foule tout à l'heure était compacte et bruyante ;
maintenant c'est un désert. Traversant la concession
française, nous gagnons la concession anglaise où se
trouve notre hôtel. Mais, à peine installés, nous avons
hâte de retrouver cette foule grouillante et sordide,
ces rues étroites et sombres que nous n'avons fait
qu'entrevoir. Bien que prévenu, on reste ébahi ; im-

BOUTIQUES A CANTON

possible d'imaginer pareille foule dans des rues si
étroites qu'un homme en travers n'y tiendrait pas
couché; elles ont à peine quatre à cinq pieds de
large. Bien entendu, aucune voiture n'y circule,
pas même des pousse-pousse ; rien que des chaises
à porteurs et, lorsque deux d'entre elles se croisent,
l'une pour se garer entre dans une boutique. Les
boutiques, en effet, n'ont pas de devanture; elles
s'ouvrent, grandes baies béantes, sur chaque côté de

la voie; elles sont généralement assez propres et
contrastent avec la saleté du dehors. Qui n'a pas vu
ces rues ne peut s'en faire une idée. Les anciennes
rues du Caire et des villes d'Orient sont de magnifiques artères à côté d'elles, et quelles rumeurs ! quel
vacarme ! Ballottés par la chaise à porteurs, abasour-
dis par le bruit,
c'est complètement
ahuris que nous ren-
trons à l'hôtel ! Quel
curieux spectacle et
que nous nous
sommes amusés !
Mais aucun monu-
ment digne d'atten-
tion; rien de remar-
quable dans les quel-
ques pagodes que
nous avons visitées.
L'unique, mais très
réel intérêt, est
dans l'aspect des
rues et la visite

VASE CHINOIS, ÉPOQUE DE K'IEN-LONG (VERT)

des boutiques remplies souvent d'objets de pacotille, mais quelquefois aussi de marchandises rares
et d'objets précieux.

Jeudi, 5 *mars* 1908. — Je vous envoie le menu du
déjeuner à la chinoise mangé ce matin. Très amu-

8

sante petite fête comprise dans notre programme.
Visité la belle cathédrale catholique, construite après
la guerre aux frais du gouvernement chinois. Vu
encore des pagodes plus qu'ordinaires et visité toujours des magasins. Partons demain soir pour Macao,
y passerons samedi
et dimanche. Se-
rons lundi à Hong-
Kong.

*Canton. — Menu du
Jeudi* 5 *Mars* 1908.

Hors-d'œuvre :
Œufs de canards
conservés (lisez
avancés) à la gelée ;
crevettes sautées,
etc. (très bon) ; et
à côté de la sou-
coupe qui vous sert

VASE CHINOIS (ROSE)

d'assiette, une série de petites sauces, dont on agré-
mente soi-même les plats.

Poisson (sauce très savante, nom impossible à
retenir) ; peaux de canards rissolées (exquis) ; viande
de canards dépecée (bon) ; ailerons de requins (fade) ;
poulet en émincé (ordinaire) ; nids d'hirondelles
(encore plus fade) ; autre poisson (sauce encore plus
savante, excellent) ; riz apprêté avec mille ingré-

dients (on en a dit du bien); sorte de tripes à la
crème (exécrable); et encore d'autres plats que j'oublie. Ils étaient au nombre de douze !

Comme boissons, thé sans sucre (très remarquable);
eau pure sans microbes; eau-de-vie de riz (pas mauvaise du tout). Et pour se servir, des bâtonnets que

TEMPLE DES 500 DIEUX A CANTON

je n'ai jamais pu apprendre à manœuvrer, une petite
fourchette dont les branches ressemblent à des
aiguilles, et de petites cuillères en porcelaine, comme
celles qui sont employées par les pharmaciens. Pour
serviette, une feuille de papier.

Le dîner était servi dans un coquet cabinet particulier du restaurant à la mode de Canton.

Vous pensez si nous nous sommes amusés ; et,
somme toute, nous n'avons pas trop mal déjeuné.

J'oubliais de vous dire qu'on ne se sert pas de pain, et qu'on le remplace, quand on en sent le besoin, par de petites amandes sèches, assez bonnes d'ailleurs.

THÉIÈRE — VIEILLE PORCELAINE DE CHINE

Il paraît que les Chinois sont très gourmands et qu'ils s'offrent souvent de ces fins dîners.

Canton est renommé dans toute la Chine pour sa succulente cuisine.

8 *Mars* 1908.

Macao   Décidément, Macao est beaucoup mieux que je ne pensais : opium et jeux de hasard, c'est vrai; mais c'est grâce à ces ressources malsaines que la ville est propre et bien entretenue. Macao a oublié son ancienne gloire; ce n'est plus le temps des conquista-

dores et des Camoëns, pas même celui des grandes
affaires commerciales. On y vit de la vente du poison,
dit opium, et surtout de la ferme des jeux. C'est le
Monaco de l'Extrême-Orient, sans l'élégance et la
richesse des palais de M. Blanc. Ces maisons de jeux,
en effet, sont, pour la plupart, de sordides échoppes,
mais elles pullulent dans toutes les rues chinoises et
la loterie s'étale insolemment sur la grande place du
Gouvernement. Nous avons tous payé notre tribut,
mais un léger tribut : 5 ou 6 dollars chacun; et naturellement, nous avons tous perdu. Quant à l'opium,
nous avons visité l'usine où il se confectionne. On
dirait une fabrique de chocolat, et c'est cette drogue
affreuse qui empoisonne tout un empire; elle est
même en marche pour empester nos pays d'Occi-
dent. Ceci dit pour me mettre en règle avec la morale,
ajoutons que la ville est dans une position charmante, qu'elle est propre, bien entretenue, voire
même élégante. Mais autant l'animation est grande
dans la partie chinoise, autant les quartiers portugais
sont déserts. Sur près de 100.000 habitants, on ne
compte que 4.000 Portugais ou Européens; le reste
est chinois.

7 heures du soir. Ce matin, procession de la Croix,
ou plutôt du Christ portant sa croix (quelque chose,
Denise, comme ce que vous avez vu en Espagne).
Foule considérable; tout ce qu'il y a de chrétiens,
européens ou chinois, suit la procession, qui offre

ainsi un intéressant caractère. En rentrant, nous
trouvons une invitation du colonel portugais Melo,
inspecteur d'artillerie, que nous avions entrevu sur
le paquebot *l'Armand-Béhic.* Il nous donne un joli
lunch dans la citadelle même qui domine la presqu'île où est bâtie Macao, et d'où l'on a une vue
admirable ; avec son adjoint, le capitaine Miranda, il
nous guide aimablement le reste de la journée et se

ÉGLISE DE SAN-PAULO A MACAO

montre, ainsi que ses officiers, aussi hospitalier que
possible. Obligé de se rendre à un repas de corps, il
refuse notre invitation à dîner; donc ce soir, repos.
Il nous faut d'ailleurs faire nos malles; nous partons
demain de bonne heure pour Hong-Kong. Ce sera
notre dix-neuvième embarquement ! Nous commençons à connaître une bonne partie des paquebots
d'Extrême-Orient !

En route pour Shanghaï. — 12 *Mars* 1908.

Ne vous en rapportez pas à mon papier, ce n'est pas de Hong-Kong que je vous écris, mais de la *Princesse Alice,* magnifique bateau du Norddeutscher Lloyd (Bremen) de 12.000 tonnes, le plus grand bateau sur lequel j'aie encore navigué. *L'Armand Béhic* n'était que de 7.000 tonnes. Tout en jouissant de l'extrême confort de ce navire, je n'en suis pas moins déconfit. La Compagnie des Messageries tenait autrefois la tête de la navigation des longs courriers, elle se laisse aujourd'hui distancer par de nombreux concurrents. Elle n'a même plus la supériorité de la bonne cuisine, car la table, ici, est vraiment excellente, supérieure à toutes celles que nous avons eues.

La *Princesse Alice* est d'ailleurs bondée (cent quatre-vingts voyageurs de 1re classe), alors que nos bateaux de Messageries laissent la plupart de leurs passagers en Indo-Chine et naviguent presque sur lest dans les mers de Chine et du Japon. Si les Messageries ne modifient pas le plan de leurs cabines; si, surtout, elles ne relèvent pas le niveau de leur cuisine, il leur sera impossible de soutenir la concurrence avec les nouveaux bateaux merveilleusement aménagés que les Allemands ont lancés dans ces mers lointaines. Pour vous donner une idée des mesures prises en vue de l'agrément des voyageurs, il y a un orchestre de 15 à 20 musiciens qui joue pendant les repas et donne même un concert dans la journée; bien plus, petit détail qui prouve la préoccupation de l'administration pour le bien-être des passagers, il y a une place réservée pour les jeux des enfants, et, tous les matins, on verse un tas de sable pour que les bébés puissent faire leurs petits pâtés.

Et pourtant, nous autres Français, nous prenons une place dans l'Extrême-Orient; notre commerce en Chine arrive au second rang après celui des Anglais. Nous sommes même mieux vus des Chinois que n'importe quelle autre nation, et, malgré notre occupation de l'Indo-Chine, c'est encore avec nous qu'ils aiment le mieux traiter. En dehors de plusieurs autres considérations, il y a l'intérêt qui les guide : alors que les autres nations européennes leur écoulent leurs produits et soutirent leur argent, nous, nous apportons le nôtre en échange des soies que nous leur achetons.

Que le Chinois soit un commerçant émérite, âpre au gain, dur à la peine, je le savais; l'intérêt est le côté sensible par lequel on peut le prendre. Mais ce que j'ignorais, c'est que l'argent qu'il prend tant de peine à acquérir, il le dépense avec une facilité inimaginable. D'ordinaire, il se fixe un chiffre de fortune qu'il veut atteindre; quand il y est arrivé, il commence seulement à en jouir; mais alors il ne se refuse plus rien et dépense largement, follement, sans compter. Si à sa mort il laisse de la fortune, il est très rare que ses enfants la conservent; ils s'empressent de la gas-

piller. On a peine à citer des familles dans lesquelles
une belle situation de fortune se soit conservée pendant trois générations. Comme, en dehors de la famille impériale, il n'y a pas d'autre aristocratie que
celle des lettrés, il n'y a aucune déchéance à se
remettre dans le commerce et à faire le nécessaire
(quel qu'il soit) pour se reconstituer une fortune. Du
reste, peuple intelligent et fort, intellectuellement
et même physiquement, il n'a aucun rapport avec le

BATEAU DE FLEURS A CANTON

grêle Japonais dont il ne ferait qu'une bouchée s'il
avait seulement un peu de son esprit militaire. Mais
je m'oublie, et bien que j'aie encore nombre de
choses à dire sur ce sujet, je reviens à mon voyage.

Nous avons quitté Hong-Kong hier au soir; le temps
était clair et nous avons pu jouir des côtes si pittoresquement découpées de l'archipel; le paysage a

grand caractère; et la mer, couverte de navires, offre
un spectacle intéressant. C'est un mouvement incessant de bateaux qui se croisent en tous sens, jonques
de toutes les formes et de toutes les dimensions
mêlées aux vapeurs de toutes sortes et de tous pays.
On voit non seulement des navires de commerce,
mais des vaisseaux de guerre; j'y ai compté quatre
grands croiseurs anglais, un japonais, deux allemands et un américain. Les Français brillaient par
leur absence. Le dernier bateau de guerre que j'aie
vu battant pavillon français est un aviso; je l'ai laissé
à Canton, devant la concession. A défaut de croiseurs
de guerre, on y rencontre un certain nombre de nos
navires de commerce; notre installation en Cochinchine a certainement modifié notre situation en
Extrême-Orient, et un navire français n'est plus
l'oiseau rare qu'on avait peine à rencontrer. En
dehors du commerce des soies et autres denrées chères
et peu encombrantes, comme l'article dit parisien, nous
avons aujourd'hui nos riz, marchandise lourde et de
gros frêt, dont tout l'Extrême-Orient est tributaire.
Nous sommes loin encore d'avoir, en ces pays, la
situation à laquelle nous pourrions prétendre; les
Anglais ont sur nous une extrême avance et les Allemands marchent à pas de géants; mais nous ne
sommes plus une quantité négligeable, et il dépend
de nous d'y jouer un rôle de plus en plus important.

13 *Mars*. — *Vendredi*.

Nous poursuivons toujours notre marche sur une mer assez forte; le détroit de Formose est toujours mauvais en cette saison. Le froid s'accentue aussi et il nous impressionne d'autant plus que nous avions été imprégnés de chaleur pendant de longs mois. Bien que nous soyons au milieu de mars, le froid se fait encore sentir dans ces régions. Il n'y a presque pas de printemps; l'été succède à l'hiver sans transition et il nous faut attendre encore quelques jours pour arriver à l'été. Et dire que nous sommes sous la latitude de l'Egypte, de Gabès, du sud de l'Algérie ! Il ne gèle pas, mais nous avons tous repris nos vêtements d'hiver et ces dames, sur le bateau, portent des fourrures.

Vendredi soir. — J'apprends que nous arrivons cette nuit et que nous débarquerons demain matin de bonne heure. Je ferme donc ma lettre pour la mettre à la poste, à mon arrivée à Shanghaï. Vous aurez ainsi des nouvelles de notre heureuse traversée.

18 *Mars* 1908.

C'est sur le fleuve Bleu que je vous écris, le Yang-Tse-Kiang, immense artère qui parcourt et vivifie le gigantesque empire de Chine. Je ne me trompe pas,

Shanghaï

c'est bien moi, et je ne rêve pas !... Mais revenons en
arrière. Ma dernière lettre était datée de *la Princesse Alice*, de Woosung, à l'entrée du fleuve qui
conduit à Shanghaï. Cette ville n'est en effet bâtie ni
sur la mer, ni sur le fleuve lui-même, mais sur le
Wampo, rivière qui se jette dans le Delta. Bien que
les plus gros navires puissent remonter à Shanghaï,
les longs courriers jettent l'ancre à Woosung, et c'est
un vapeur plus léger qui nous conduit au port. Nous
remontons donc la rivière pendant une heure et demie environ. Mais où suis-je?... A gauche, je vois de
vastes entrepôts, des cheminées d'usines; à droite,
ce sont des quais immenses, bordés de monuments
et de maisons à quatre et cinq étages; ce n'est plus
la Chine, c'est un coin d'Europe, un grand port d'Angleterre. Je descends, l'impression persiste, des tramways circulent sur le quai, *le Bund*, des équipages
nous croisent, et nous voilà à Palace-Hôtel, magnifique établissement qui offre tout le confort, tout
le luxe modernes. Pour vous en donner une
idée : à chaque chambre correspond un cabinet de
toilette avec eau chaude et eau froide, water-closet
et salle de bains. Au sortir de l'hôtel, nous trouvons
de grandes et belles rues, bordées de magasins avec
étalages à l'européenne. Il n'y a pas d'erreur possible, nous sommes en Angleterre; non seulement
on parle anglais, mais tout ce qu'on voit, tout ce
qu'on coudoie, tout ce qu'on mange est anglais.
Allez dans la concession française, à l'hôtel du con-

LE BUND — QUAI DE SHANGHAÏ

sulat même, le concierge ne vous comprend pas, si vous ne lui parlez pas anglais. Vous êtes à l'église, dans la cathédrale catholique romaine, desservie par des missionnaires français; on y prêche en anglais !... Un instant; si vous continuez la rue de Nan-King, vous tombez dans des boutiques chinoises et vous vous demandez si vous n'êtes pas revenus en Chine? Mais l'illusion est courte; dès la banlieue de la ville, vous retrouvez la maison aux briques rouges, le cottage anglais, avec son jardinet, le baby aux cheveux blonds qui y prend ses ébats. Toutefois, plus loin, les avenues, les routes changent de noms. Voilà la rue Paul-Beau, l'avenue du Père-Robert, etc. Est-ce que nous serions revenus en France? Non, mais nous approchons de Zi-Ka-Weï? C'est un grand centre catholique, créé par les Jésuites et les Dames auxiliatrices. C'est aussi là qu'est l'Observatoire météorologique fondé et dirigé également par des Jésuites. Cet observatoire enregistre les typhons, en indique la marche, l'intensité. En rapport avec tous les ports de la Chine et avec nos observatoires de l'Indo-Chine, il avertit les navires des dangers qu'ils peuvent courir et facilite grandement la navigation dans ces mers qui, pendant l'été surtout, étaient si dangereuses. Les honneurs de l'observatoire nous sont faits par le directeur qui nous a intéressés vivement en nous expliquant la formation et la marche des typhons. De l'établissement des Jésuites, nous passons à la maison des

Zi=Ka=Wei

Dames auxiliatrices. C'est immense, tout un monde :
maison d'éducation pour les Européens et les indigènes, fréquentée par les catholiques et les chrétiens de toutes sectes, aussi bien que par les filles
des mandarins et des riches chinois; ouvroir où l'on
fait travailler les jeunes filles que l'on a élevées, les
femmes que l'on a mariées et casées dans le
village. On y peint, on y brode, on y fait de la den-
telle, en un mot tous les travaux appropriés aux
forces et aux aptitudes de la femme. Enfin, nous
visitons la pouponnière où l'on recueille les enfants abandonnés ou remis par les Chinois; nous
voyons là l'Œuvre de la Sainte-Enfance en action.
Ceux qui mettent en doute l'utilité, l'efficacité de
cette œuvre, n'ont qu'à venir à Zi-Ka-Wei et voir ce
que l'on fait de ces petits êtres qui, sans elle, seraient
voués à la mort. En quittant la maison, nous avons
vu, de nos yeux vu, une pauvre petite que l'on venait d'abandonner et que l'on apportait aux sœurs.
Beaucoup de ces enfants, trouvés et recueillis trop
tard, meurent, mais un grand nombre sont sauvés;
élevés chrétiennement et mariés dans de bonnes
conditions, ils s'installent dans le village et y fondent
une famille. A ce moment encore, la maison des sœurs
leur vient en aide; grâce à ces ateliers dont je vous
parlais, ils trouvent du travail et ont un gagne-
pain assuré. C'est ainsi que Zi-Ka-Wei s'est dé-
veloppé; il y a moins de vingt ans, c'était un
hameau comprenant à peine quelques cases, au-

jourd'hui c'est un centre d'une réelle importance.

A côté de la concession européenne de Shanghaï, est une ville chinoise, entourée de murs, où l'on ne pénètre qu'à pied, pas même en pousse-pousse; c'est sale et sordide comme toutes les villes chinoises; nous y avons cependant visité quelques maisons de mandarins qui nous ont intéressés en nous donnant une idée d'un riche intérieur chinois. Ce n'est pas un édifice unique, mais une série de pavillons, de kios-

LE PONT D'UNE MAISON DE THÉ A SHANGHAII

ques jetés dans des jardins où l'on voit quelques arbres et quelques fleurs, mais surtout des *pierres*, des *rochers artificiels*, de petits canaux où séjourne une eau plus ou moins croupissante, avec des ponts à balustrades. Vous avez vu cela sur des potiches ou des écrans. Comme il faut tout voir, nous sommes allés dans des maisons de thé. Ce sont des sortes de

9

cafés-concerts avec un public analogue à celui
qu'on rencontre chez nous. Pour ne pas en
perdre l'habitude, nous avons couru les magasins;
mais rien à faire ! Les prix sont exorbitants, les
étrangers, les Américains surtout, ayant gâté Shanghaï. Nous fixons notre départ, et, lundi soir, nous nous
embarquons pour Han-Kéou, sur le *Li-Mao*, bateau
français, construit à Dunkerque. Comme bien vous
pensez, nous retrouvons avec plaisir le pavillon
français. Cette Compagnie de navigation ne suit pas
les traditions des Messageries, et le *Li-Mao* est installé
avec le confort dernier cri. On se croirait sur un
yacht immense et luxueux, si, au-dessous de nous,
dans les deux premiers ponts, ne grouillaient 700
à 800 Chinois de tous sexes et de tout acabit.

**e Yang=tsé=
Kiang**

Nous sommes partis depuis deux jours et jusqu'à
ce moment, la remontée du fleuve n'a rien de remarquable. Le Yang-Tsé-Kiang est toujours un fleuve
immense, dont on a peine à distinguer les rives quand
on est au milieu du courant. Les côtes sont plates; à
peine quelques collines très loin à l'horizon. Le pays,
dit-on, est plus accidenté vers I-Tchang; mais nous
serons demain à Han-Kéou, et nous n'irons pas plus
loin.

Quoique nous ayons remonté le fleuve pendant
plus de 1,200 kilomètres, — la distance de Marseille
à Dunkerque, — il est encore large comme un bras de
mer. A 600 kilomètres de la côte, la marée se fait

sentir. Mais je demande une explication. Tout ce qu'on m'a raconté sur la Chine serait donc une fumisterie... « La densité de la population, est extrême, disait-on; pas une parcelle de terre inoccupée. » Eh bien, pendant ces 1,200 kilomètres, je n'ai pas vu l'ombre de culture; rien que d'immenses plaines couvertes de joncs. En dehors des villes où nous avons fait escale, pas un village, pas une maison; et, si nous avons aperçu des arbres, c'était sur les toits de pagodes en ruines ! « Vous verrez le fleuve, ajoutait-on, il est couvert de barques, c'est un mouvement, une vie intenses... » En dehors de quelques grands paquebots, nous n'avons pas entrevu une jonque, pas la moindre barque... Décidément c'est une mystification; en dehors des grandes villes, la Chine, du moins au centre, est un pays abandonné.

J'en étais là de mes réflexions, lorsqu'un ingénieur allemand d'Han-Kéou, me donna l'explication suivante : « Ces rives du fleuve sont désertes, parce qu'aux grandes eaux elles sont inondées et que, pour laisser un exutoire assez large à ce fleuve géant, les digues ont été construites loin en arrière. De cette façon, nous ne pouvons voir les cultures qu'elles protègent.

« Quant à l'absence de mouvement sur le fleuve, cela tient au gros temps, au vent qui souffle en tempête et qui, en dehors des grands steamers, retient au port tous les navires, toutes les embarcations. » Allons tant mieux !... J'aurais eu peine à me faire à l'idée que la Chine n'est qu'un désert. Il n'en reste pas moins certain que la navigation sur le fameux fleuve Bleu n'offre pas grand intérêt.

Bravant vents et marées, nous débarquons à Kieou-Kiang, centre de fabrication de porcelaine. La ville, sale et laide, n'offre aucun intérêt.

Pendant le long trajet que nous venons de faire, j'ai eu l'occasion de lire divers ouvrages sur la Chine et les Chinois, je viens de visiter un certain nombre de villes, j'ai vu beaucoup de Célestes, j'en ai fréquenté quelques-uns... Eh bien, je suis plus en peine que jamais de porter un jugement sur eux ! Ayant lu pas mal de livres sur ce pays et ses habitants, je m'étais fait d'avance une opinion ; aujourd'hui, je ne sais plus que penser ! Je vois, chez ce peuple, des qualités réelles, mais aussi des défauts, des vices que je crains incurables. C'est, sans contredit, un peuple d'une vitalité intense, mais encroûté dans la routine ; et je me demande s'il aura jamais l'énergie suffisante pour en sortir. Son cerveau pourra-t-il s'adapter aux idées nouvelles qui s'imposent aujourd'hui ?... Il se fait bien tard pour traiter un pareil sujet, et je suis loin d'ailleurs d'être suffisamment documenté... Moins que jamais, je me sens édifié. Peut-être aurai-je fait un pas à la fin de mon voyage.

25 *Mars* 1908.

C'est de Pékin que je vous écris, de la capitale de l'Empire du Milieu, la ville des Célestes et aussi celle des Boxers, où l'on assiège les Légations, où l'on assassine les ambassadeurs. Heureusement, cette petite fête ne se renouvelle pas tous les jours, et c'est bien tranquillement que je vous écris de l'hôtel des Wagons-Lits, voisin de la Légation de France.

Mais revenons en arrière. Je vous ai laissé à Han- **Han=Kéou**

QUAI DE HAN-YANG

Kéou. Vous ai-je parlé de notre visite intéressante à l'immense usine métallurgique, où l'on s'organise pour livrer 10,000 tonnes d'acier par jour? Le directeur, qui nous en avait fait les honneurs, nous avait retenus à déjeuner; et, au retour, il nous fait parcourir

en vapeur ce fleuve immense qui sépare les trois
villes de Han-Kéou, Wou-Thang et Han-Yang. Là
stationnait une flottille de guerre et des milliers de
navires et de jonques. J'ai retrouvé enfin les jonques
du Yang-Tsé; à un endroit du fleuve, elles étaient
même si nombreuses que notre barque à vapeur avait
peine à se frayer un passage. Le site est joli, c'est même
le seul charme de Han-Kéou. Autrement, rien de bien
nouveau pour nous : concessions européennes avec
douze kilomètres de quais, édifices qui sortent chaque
jour de terre, et semblent pousser comme des cham-
pignons; car on a hâte de se tenir prêt pour le développement de cette ville qui, avec ses voisines, forme
déjà une agglomération de trois millions d'habitants
et semble destinée à croître encore prodigieusement.
Quant à la ville chinoise, toujours même chose;
ruelles étroites et sales, boutiques à devanture mul-
ticolore, mais sans intérêt.

Nous quittions donc Han-Kéou dimanche matin
22 mars, et nous nous embarquions pour trente-six
heures de chemin de fer. Nous allions parcourir l'intérieur de la Chine, voir un pays nouveau, intéressant... Figurez-vous la Beauce dans toute son horreur, mais une Beauce poussiéreuse, où le vent se
joue, soulevant en tous sens des tourbillons de poussière qui voilent le paysage et recouvrent tout d'une
teinte grise ! Nous traversons des rivières, des fleuves,
comme le Hoang-Ho, ou fleuve Jaune, sur des ponts
de 3,000 mètres; mais le pays n'en reste pas moins

horrible. Chez nous, une rivière, un fleuve, un ruisseau même, amènent de la verdure, des prés, un développement de végétation. Ici, c'est l'aridité qu'ils
apportent. Les lits des cours d'eau sont plats, sans
profondeur, et les sables que les eaux charrient sont
déversés sur les rives que rien ne défend; le vent
alors se met de la partie, et, entraînant ces sables en
tourbillons, les répand au loin dans la plaine. De sorte
qu'au lieu de fraîcheur et de sève bienfaisante, c'est
la sécheresse et la stérilité qu'ils semblent provoquer.
Et cependant, me dit-on, les terres sont fertiles, et se
couvrent de riches récoltes... Je n'y comprends rien !
Il n'y a pas à dire, le Chinois ne met pas d'engrais sur
ses terres, ou en met très peu; n'ayant pas d'herbe,
il n'a pas de bestiaux, par suite pas de fumier; et,
comme il ne connaît pas encore les engrais chimiques... par quoi soutient-il ses terres? Cette poussière, que j'appelle sable, ne serait donc qu'une terre
impalpable qui, au contact de l'air, s'enrichirait
d'azote et deviendrait un engrais? J'aurais besoin
d'explications et je ne vois personne pour m'en fournir. A la Légation, on n'a pu m'indiquer un Européen ou un Chinois capables de me renseigner...

Le train, dit de luxe, qui nous conduisait, était   **Pékin**
bondé, 70 premières classes au lieu de 20 à 25 qui
y montent d'ordinaire. On était assuré du couvert,
mais on s'y disputait les vivres. Enfin, nous arrivons
tout de même. Les maisons, ou du moins les *tombeaux*

se font plus nombreux; nous apercevons, nous *sen-tons* plutôt, des jardins maraîchers et, dans le lointain enfin, nous voyons se profiler des murailles... voilà Pékin ! Nous traversons une première enceinte, c'est la ville chinoise. Nous longeons de hauts murs crénelés, c'est la ville tartare au pied de laquelle s'arrête le chemin de fer. Devant nous se dresse une grande

PORTE DE PÉKIN

porte dominée par un édifice bariolé à toits recourbés; cela nous donne une bonne impression. Sans nous occuper de nos bagages, qu'une meute de coolies se disputent, nous montons en pousse-pousse, et, d'une allure vertigineuse, nous allons à l'hôtel qui se trouve dans le quartier des Légations. Ce quartier européen a de grandes maisons, de beaux hôtels, des banques luxueuses. On a peine à reconnaître la Chine, d'autant plus que les rues, autrefois des fondrières, sont

Peking. Temple of Heaven

TEMPLE DU CIEL A PÉKIN

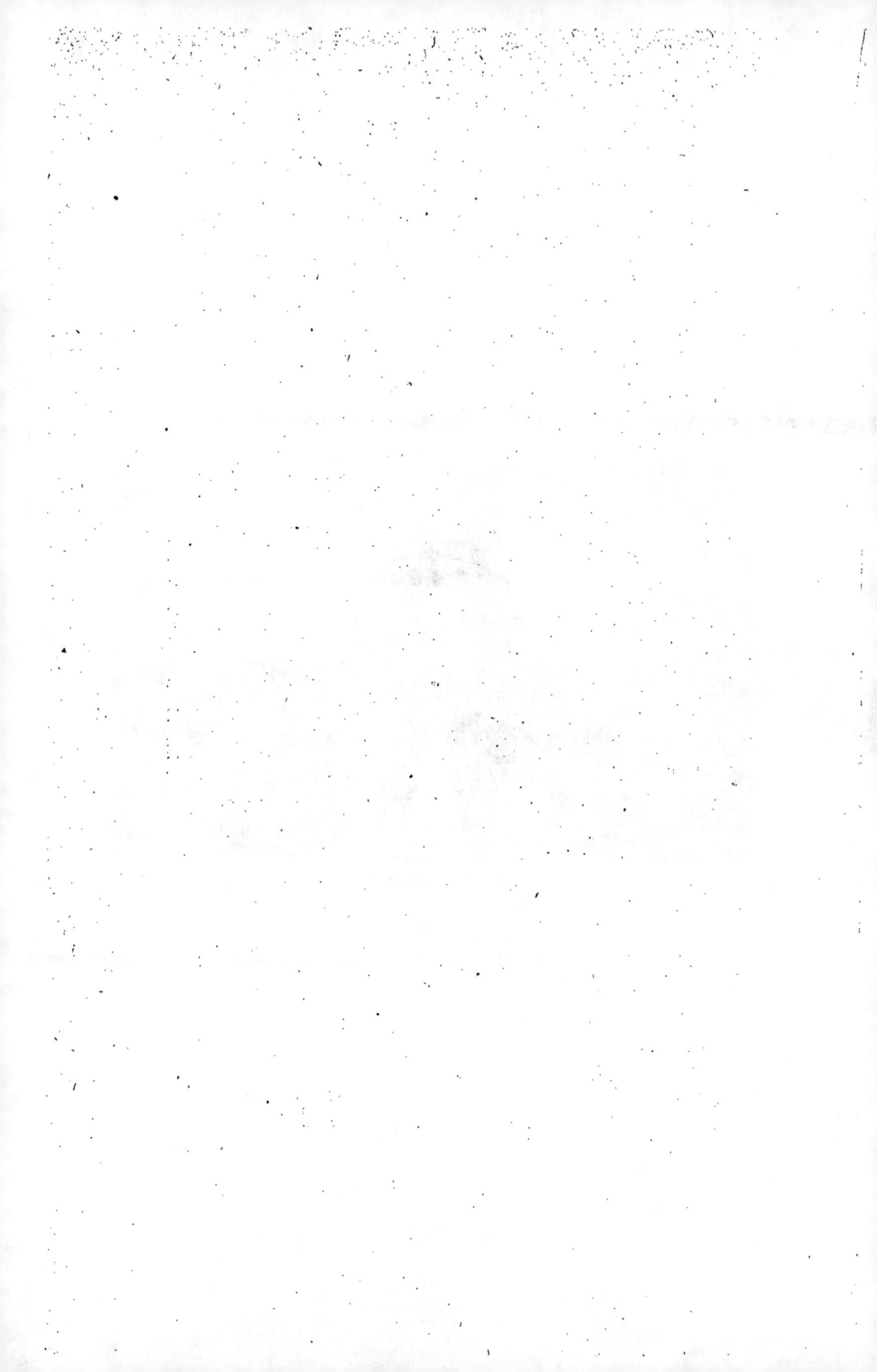

aujourd'hui bien entretenues. L'hôtel paraît bon, bien qu'on n'y trouve qu'une seule chambre pour L. et pour moi, mais elle est grande et confortable. Quoi qu'il en soit, nous sommes à Pékin! Vous avouerai-je que, les uns et les autres, nous ne trouvons pas cela banal! Aussi, le lendemain, nous sommes sur pied à la première heure. Nous gagnons d'abord les mu-

L'OBSERVATOIRE DE PÉKIN

railles, qui sont imposantes avec leurs grandes mas- ses de pierres, leurs portes crénelées et les pagodes aux toits recourbés qui les surmontent. On se de- mande comment les alliés auraient pu s'en emparer en 1900, sans un siège régulier, si les Chinois les avaient sérieusement défendues. On domine de là toute la ville et on peut se rendre compte de sa topo- graphie.

Figurez-vous un immense rectangle contenant

quatre villes, toutes entourées de murs; au centre,
la ville interdite (le palais impérial), inabordable
pour tout mortel autre que les grands mandarins et
les eunuques; première enceinte. Autour, la ville impériale, résidence des fonctionnaires, où, dérision ! se
trouve le Petang, la cathédrale et les maisons des
œuvres catholiques; deuxième muraille. Puis, enve-

LA PAGODE JAUNE A PÉKIN

loppant ces deux quadrilatères, la ville tartare, cité
des conquérants mongols, soutiens de la dynastie.
Cette fois, une forte et solide muraille enveloppe et
défend le tout. Enfin, à la base de ce rectangle, formant rectangle elle-même, la ville chinoise, entourée,
elle aussi, de murs, mais d'une moindre épaisseur.

Nous longeons d'abord le quartier des Légations,
qui sont comprises dans le sud de la ville tartare, et
nous suivons, sur place, les péripéties du siège émou-

vant qu'elles ont soutenu. Puis nous descendons
dans la ville pour parcourir les rues. Pékin ne ressemble à aucune des cités chinoises déjà vues par
nous : ce ne sont plus des rues étroites, des ruelles
sales; ce sont de grandes avenues, qui étaient autre-

DAME CHINOISE

fois d'immenses fondrières et qui sont aujourd'hui,
bien entretenues, voire même convenablement arro-
sées ! A ces artères principales viennent aboutir des
rues plus étroites et qui, dans leur abandon, rappellent l'ancien Pékin décrit par Beauvoir; mais
les avenues, où des portes monumentales font perspective, ont vraiment bon air. Larges de plus de 50 à

60 mètres, elles sont bordées de maisons mi-partie
en pierres, mi-partie en bois, généralement d'un seul
étage, agrémentées presque toutes de pylones, de
frontons et de balustrades richement sculptées. Les
enseignes des magasins, qui se succèdent presque

DAME MANDCHOUE

sans interruption, sont suspendues en potence le
long des maisons; dorées ou peintes de couleurs
éclatantes, elles produisent un effet original, quelquefois gracieux, toujours amusant.

Mais ce qui est plus amusant encore, c'est la foule
qui se presse dans les rues : des pousse-pousse, une

nuée de pousse-pousse, qui se croisent et se bouscu-
lent, puis des voitures montées sur essieux, sans res-
sorts, et recouvertes de toile bleue rayée de noir,
qui ressemblent un peu à des corbillards. Les chevaux qui y sont attelés, ainsi que ceux des cavaliers
assez nombreux que nous rencontrons, sont petits et
laids, avec un cou très court, une grosse tête, et d'af-

MURS DE PÉKIN, CÔTÉ OUEST

freux poils longs toujours mal tenus. Précédés d'un
courrier à cheval, passent de temps en temps de
larges coupés, des berlines où se prélassent des mandarins à boutons de cristal ou de corail; un valet de
pied se tient debout derrière la voiture, comme autrefois chez nous derrière nos calèches... et, circulant
au milieu de ces véhicules de toutes sortes, l'homme
du peuple, vêtu de robes de cotonnade bleue, et le
riche bourgeois en robe de soie brochée, généralement

noire, quelquefois de couleur. Des femmes vont et
viennent, de conditions et de races diverses ; mais,
presque toutes, avec leurs pieds déformés, elles mar--
chent comme sur des moignons et n'avancent qu'en
sautillant ; leur coiffure toujours soignée, se différencie
suivant les nationalités : la Chinoise a les cheveux
tirés en arrière et ramenés en chignon ; la Mongole
porte un échafaudage compliqué qui rappelle un
nœud alsacien formé avec des cheveux. Des chiens
jappent, des enfants se roulent dans la poussière, et,
à travers cette foule, marchant à pas comptés, se
profilent, graves et majestueux, de grands chameaux
de Mongolie.

31 *Mars* 1908. — *Tombeaux des Mings.*

**Tombeaux
des Mings**

Après une absence de deux jours, nous sommes
revenus hier à Pékin. Mais, pendant ces deux jours,
nous n'avons pas perdu notre temps, loin de là ! Ce
sont les plus intéressantes journées de notre séjour
en Chine. Partis vendredi matin à la première heure
par le chemin de fer, nous arrivâmes à Nankow ; là,
nous prîmes des ânes, et en route pour le tombeau
des Mings. Tout d'abord, une plaine couverte de
pierres, à peine quelques rares cultures ; c'eût été
triste et laid, sans la vue des montagnes violettes qui
fermaient l'horizon. Nous franchissons des torrents
à sec, nous passons sur des ponts écroulés et nous
arrivons à une grande porte, sorte d'arc de triomphe

en marbre blanc, auquel le temps a donné une belle
patine d'ivoire; les proportions sont belles et les
sculptures fines. Nous avons marché pendant deux
heures; on nous dit que nous en avons encore pour
une heure et demie. La voie cependant se dessine;
la porte monumentale en marquait l'entrée, et bientôt nous pénétrons dans une grande avenue bor-

CHE-FANG — ENTRÉE DE LA VOIE TRIOMPHALE
CONDUISANT AUX TOMBEAUX DES MINGS

dée d'énormes animaux et de personnages en granit.
C'est lourd, c'est laid, et moins grand que je ne
me le figurais... Mais où sont les tombeaux? Nous
ne voyons qu'un désert... Enfin, dans le lointain,
aux flancs de la montagne, au milieu de bouquets de
cyprès et de thuyas, nous apercevons des toits de
pagodes; on nous dit que ce sont les tombeaux des
Mings. J'avoue que je suis un peu déçu; je m'attendais à quelque chose de plus imposant. C'est bien,

10

mais non la merveille qu'on nous avait annoncée !
D'abord une porte triomphale, l'inévitable porte
chinoise, puis une pagode; on traverse ce temple,
on entre dans une cour avec stèles à droite, stèles à
gauche; et, au fond, sur une double plate-forme avec
balustrades de marbre, s'élève une seconde pagode,
plus grande, cette fois, à triple étage de toitures en

STATUES GÉANTES DE LA VOIE TRIOMPHALE

tuiles jaunes (couleur réservée aux empereurs).
L'édifice est assez vaste, et le plafond à caissons est
supporté par d'énormes colonnes en bois de 8 à
10 mètres, faites d'un seul tronc d'arbre; un autel
abandonné en occupe le fond. Derrière ce temple,
troisième cour et troisième temple à peu près pareil
au précédent, mais percé d'un souterrain qui pénètre
dans la montagne. Ce souterrain ne tardera pas à
être fermé par un mur qui masque l'emplacement

du tombeau. Cet ensemble de monuments a du caractère, et si le site est triste, il ne manque pas de grandeur. Je le répète, l'impression est bonne, mais il faut l'acheter par une rude chevauchée. J'admire ces dames; elles se plaignent, mais, le lendemain, à la première heure, elles n'en sont pas moins debout, prêtes à partir pour la grande muraille. Il s'agit de franchir la passe de Nankow. C'est la grande voie de la Mongolie, par où pénètrent presque toutes les caravanes. On est en train d'y construire un chemin de fer qui rejoindra le Transsibérien à Irkoutsk, à travers le désert de Gobi; pour le moment, c'est encore à baudet que nous faisons l'excursion, qui ne demandera pas moins de dix heures, quatre heures pour aller, autant pour revenir avec deux heures d'arrêt.

En quittant l'auberge, nous gagnons vite Nankow, petite ville forte qui fermait autrefois la vallée. On aperçoit encore les murailles qui surplombent le défilé. A partir de ce moment, nous ne voyons plus que des montagnes. Mais que de poussière! C'est que je n'ai jamais vu route plus fréquentée. Au milieu de piétons portant en balance leurs charges sur l'épaule à l'extrémité de leurs longs bâtons, s'avancent des files ininterrompues d'ânes et de petits chevaux chargés de bâts; des voitures primitives, attelées de quatre chevaux, un dans les brancards et trois autres devant placés de front, se fraient péniblement un passage, tandis que les brouet-

tes à roue centrale que les Chinois ont inventées bien
avant Pascal, s'avancent en grinçant, faisant un
bruit particulier qui nous poursuit tout le long de la
route. Des nuages épais de poussière s'élèvent : ce
sont des troupeaux de ces beaux moutons du Thibet
aux laines soyeuses, qui ne sont jamais tondus, mais
dont la peau sert de fourrure; ces moutons généralement sont blancs. Mais quelles sont ces petites bêtes
noires à gros ventre et à courtes pattes? Ce sont des
cochons, gros à peine comme des chiens, qui viennent par bandes alimenter les cuisines de Pékin.
Mais place à messieurs les chameaux ! ce sont eux
qui forment le fond des caravanes, et, à chaque tour-
nant de route, on les voit défiler en longues théories.
Ce chameau de Mongolie, avec sa double bosse et les
longs poils de son cou qui tombent presque jusqu'à
terre comme d'épais fanons, est bien plus beau que
son congénère de Syrie et d'Afrique. Quand il déam-
bule, calme et majestueux, marchant à pas comptés,
il a vraiment grand air.

Tout à coup, nous venons nous heurter à des murailles; c'est la place forte de Kin-Kouan qui barre
encore la route. Nous passons sous une belle porte
dont les sculptures ont un caractère hindou très
marqué, et nous rentrons dans le défilé qui se resserre
de plus en plus. A peine marchions-nous depuis une
demi-heure qu'une troisième porte fortifiée se dresse
devant nous : c'est Chang-Houan, d'où l'on aperçoit
quelques fragments de la grande muraille. Mais il

LA GRANDE MURAILLE DE CHINE

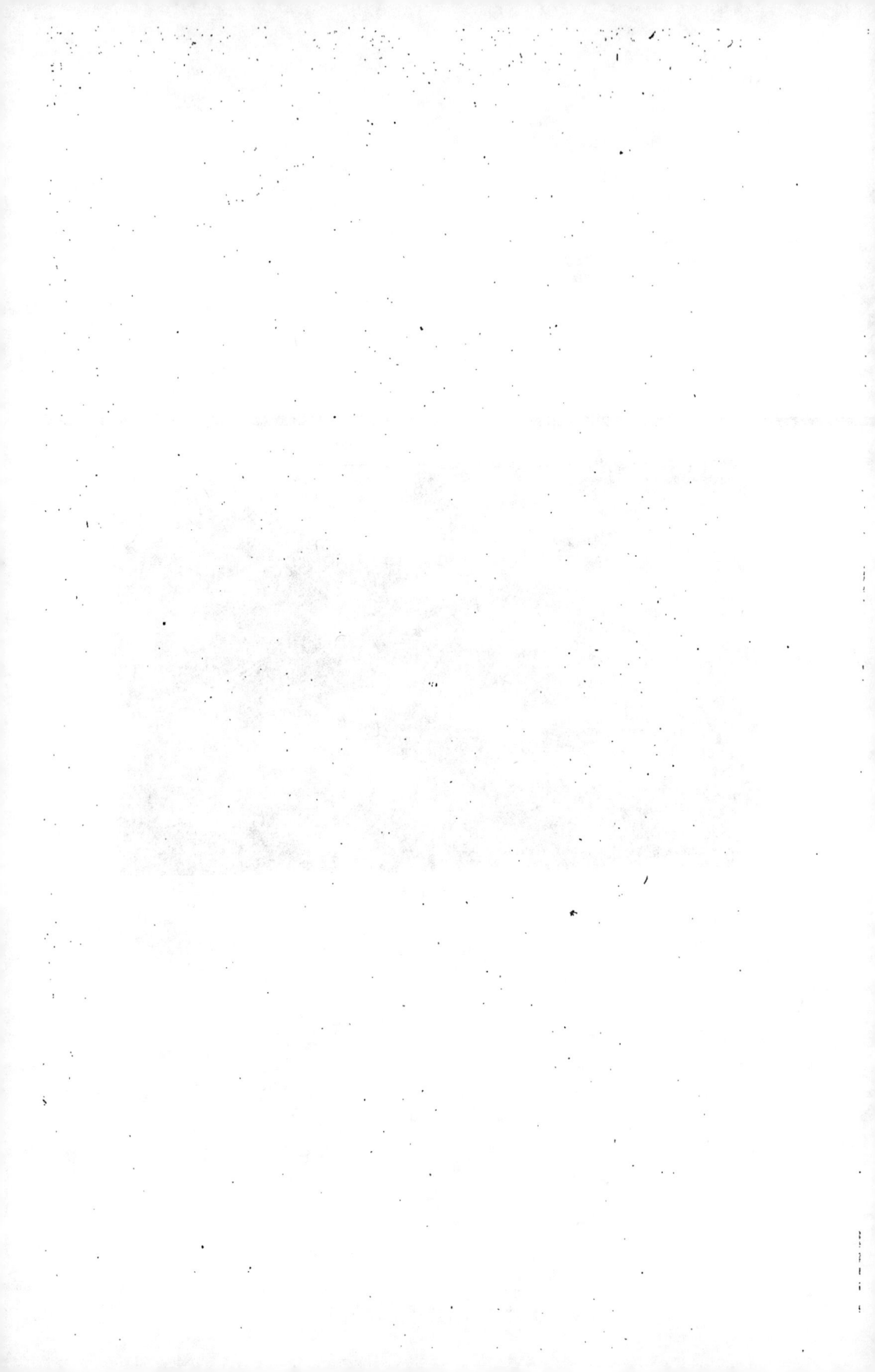

nous faut encore marcher une heure pour en atteindre
le pied. Cette fois, le spectacle est vraiment grand ; la
vue s'étend au loin et, partout, se dresse le gigantesque mur crénelé se développant comme un immense
serpent, barrant le fond des ravins, s'attachant aux
flancs des montagnes, escaladant les sommets et
courant ainsi de crête en crête, aussi loin que le
regard peut porter. Et l'on se dit que cela dure pendant des centaines, des milliers de kilomètres, enveloppant presque la moitié du plus grand empire du
monde. Je vous envoie des cartes postales représentant les parties de la grande muraille que nous avons
visitées. Nous montons avec Mlle J... au point le
plus élevé, au bastion le plus éloigné que nous avions
tout d'abord aperçu ; et là, découvrant un horizon
immense, saisis d'étonnement, confondus par la grandeur de l'œuvre, nous contemplons un spectacle que
nous n'oublierons jamais. Nous prenons, sur la
muraille même, un déjeuner bien gagné, et nous
nous remettons en marche, refaisant en sens inverse
la route parcourue le matin. Nous rentrions à Nankow
vers sept heures, las, bien las, mais ravis de cette
admirable journée. Un solide repas, une bonne nuit,
et il n'y paraissait plus. Le lendemain matin, nous
regagnions Pékin et nous achevions d'en visiter les
monuments... Mais, il se fait tard, bonsoir.

Pékin. — 1ᵉʳ *Avril au soir.*

J'ai pu faire enfin l'acquisition des fourrures. Puis-je n'avoir pas été trop trompé !

Nous avons quitté Pékin à midi pour arriver à cinq heures à Tien-Tsin; la route est horrible, la Beauce est un paradis à côté ! Tien-Tsin, que je n'ai fait qu'entrevoir, est une ville mi-européenne et mi-chinoise. Nous la visiterons demain. L'hôtel où nous sommes est très bien. Il faut convenir que tous ces hôtels, dans les grands centres, ne laissent rien à désirer. Bien des grandes villes de France en ambitionneraient de pareils.

Tien-Tsin. — 4 *Avril.*

Tien=Tsin   Après avoir touché à Tche-Fou, nous ferons escale à Nagasaki et nous débarquerons à Shimonoseki, souvenir intéressant pour l'oncle Edmond, qui y a, je crois, reçu le baptême du feu. Ah ! les Japonais ont fait du chemin depuis ce temps, et le petit peuple enfantin et baroque est devenu une puissance avec laquelle il faut compter. Je vois avec plaisir que, s'il n'a pas perdu son prestige, il n'a plus du moins la sympathie du peuple chinois. La vieille antipathie sino-japonaise s'est réveillée et, pour le moment, nous n'avons plus à craindre l'alliance de la race jaune

en Extrême-Orient, et la pénétration de la Chine par
le Japon. Si la dynastie mandchoue est ébranlée en
ce moment, c'est en partie en raison de sa faiblesse
devant l'arrogance japonaise; l'agitation inquiétante
qui se manifeste en Chine n'est pas dirigée contre les
Européens et les chrétiens, mais contre la reine mère,
contre le Mandchou. Les dynasties ne durent jamais
très longtemps en Chine, et celle-là a fait son temps;
elle doit céder la place et permettre à d'autres de
s'asseoir autour de l'assiette au beurre. En Chine, en
effet, plus que partout ailleurs, la détention du pouvoir amène la richesse et bien que les places soient
données à la suite d'examens, la faveur joue un grand
rôle; les mécontents devenant alors plus nombreux
que les satisfaits, on sent le besoin de renverser la
pyramide. J'avais cru d'abord à une opposition de
races. Chinois contre Mandchoux — il paraît qu'il
n'en est rien. Le Mandchou est depuis longtemps
noyé dans le Chinois; c'est simplement une question
d'appétits que l'on colore de divers prétextes. Toutefois, bien que cette agitation n'ait pour cause
qu'une question de politique intérieure, un mouvement populaire est toujours redoutable! Quand les
passions sont déchaînées, on se demande si, dans la
tourmente, la haine séculaire contre l'étranger ne
se réveillera pas! La situation des Européens sera
délicate de toutes façons; entre les deux partis,
pourront-ils rester neutres? Et si on les force à se
prononcer, qu'adviendra-t-il? C'est le point noir.

Quant à la situation économique, elle est *acciden-
tellement* critique. On a cru, après la guerre russo-japonaise, à un grand développement d'affaires, et les
maisons de commerce se sont approvisionnées outre
mesure; il y a eu pléthore de marchandises, excès
d'offres; de là, des déboires. Nombre de maisons de
commerce, aussi bien européennes que chinoises, ont
fait faillite; aussi, un instant, n'a-t-on parlé que de
suicides. C'est le moyen ordinaire en Chine de se tirer
d'affaire quand on est embarrassé. *On sauve la face!*

Au point de vue religieux, la situation est meilleure. Arrêté un moment par les persécutions, le
catholicisme fait aujourd'hui des progrès sensibles.
On compte, à l'heure actuelle, plus d'un million de
catholiques en Chine. C'est bien peu, il est vrai,
auprès des 4 ou 500 millions d'idolâtres. Mais chaque
année le nombre des conversions augmente; il atteint
annuellement le chiffre de 30 à 40.000. Du reste, les
missions couvrent la terre de Chine; partout j'ai
trouvé des prêtres et des églises catholiques : Missions étrangères, Jésuites, Lazaristes; et dans le sud,
le clergé portugais. Certes, les conversions, comme
toujours, se font surtout dans le bas peuple; le lettré,
le mandarin voit avec jalousie l'influence des missionnaires et lui est généralement hostile; pourtant la
religion pénètre peu à peu dans les familles, surtout
par les femmes, par les nombreuses jeunes filles que
l'on envoie dans les établissements d'instruction chré-
tienne. On ne fait aucun effort pour les convertir,

mais on prêche par l'exemple. L'enfant revenue dans
sa famille rapporte le souvenir de ce qu'elle a vu, de
ce qu'elle a senti et provoque ainsi les conversions.
Quel merveilleux instrument d'influence est pour
nous la religion catholique ! Paul Bert disait que
l'anticléricalisme n'est pas un article d'exportation... Jamais ce mot ne m'a paru plus vrai qu'en
Extrême-Orient. Du reste, nos agents à l'étranger
semblent le comprendre; je n'ai pas vu encore un
seul membre du clergé se plaindre de nos représen-
tants; ils se louent tous, au contraire, de l'aide et de la
protection qui leur sont données. Aussi les rapports
sont-ils parfaits. Il faut venir en Chine pour voir
pareille chose !

Au milieu de tout cela, que devient le Chinois?
quel est son esprit, son caractère, sa nature? Après
l'avoir fréquenté pendant près de six semaines, moins
que jamais je puis me faire une opinion sur lui ! En
arrivant, j'avais des idées préconçues à la suite de
quelques lectures; à l'heure actuelle, je ne sais plus
que penser. Le Chinois a des qualités remarquables,
une force extraordinaire d'expansion, car on le voit
se répandre dans toutes les contrées d'Extrême-
Orient, et en Amérique même, en attendant qu'il
vienne en Europe. C'est un merveilleux commerçant,
généralement probe et qui tient sa parole; rien ne le
rebute, il fait tous les métiers, et, parti de bas, il
s'élève parfois à la plus haute fortune. Il a un profond respect de la famille; le culte des ancêtres est

même sa seule véritable religion. Enfin, chez lui, la natalité est telle que, sans les épidémies, les disettes, sa race ne tarderait pas à couvrir toute la terre...

ENTRÉE DE L'UNIVERSITÉ A PÉKIN

Certes, voilà bien des symptômes de force, de vitalité ; malgré cela, je me demande si ce peuple trouvera en lui la sève nécessaire pour la transformation qui s'impose aujourd'hui. A côté des qualités énumérées, il a des défauts, des vices qui dénotent une nature pervertie, un peuple fatigué, usé, presque pourri. Pas de religion, plus même de philosophie; simplement des préjugés invétérés par des siècles, des superstitions qui n'ont fait que croître au lieu de s'atténuer avec le temps. Le culte des ancêtres, en lui-même si touchant et respectable, ne serait que la crainte des esprits des morts.

Si le Chinois est un habile imitateur, il est un déplorable organisateur ; il n'a aucun esprit militaire, et ne sait pas ce que c'est que le patriotisme ; il ne connaît que son village, sa famille. Au fond, il est paresseux et, s'il travaille, c'est pour ne pas mourir de faim.

SUPPLICE DE LA CANGUE

Avec cela, il est dépensier, joueur et sensuel; s'il acquiert de la fortune, c'est pour en jouir immédiatement. Lorsque, par hasard, une fortune s'est accumulée pendant une génération, la génération suivante la gaspille infailliblement. Le Chinois est avant tout jouisseur et égoïste, il ne connaît pas la pitié; le désintéressement le dépasse. Enfin, l'immoralité, quoiqu'elle ne s'affiche pas, est révoltante. Avec tout cela, faites-vous une opinion ! Pour mon compte, j'y renonce !

En rade de Port-Hamilton. Détroit de Corée. — Décidément, cela manque de charmes ! Bien qu'en belle rade abritée, la houle s'engouffre par l'étroit goulet qui sert d'entrée et nous secoue comme une coque de noix. Il pleut, il vente en tempête, impossible de mettre le nez dehors ! Combien cela durera-t-il ?

En attendant, je reviens en arrière. J'étais à Tien-Tsin, tout occupé de l'expédition de ma caisse gigogne, me demandant si toutes les caisses qu'elle contenait ne danseraient pas une sarabande et ne mettraient pas mes bibelots en capilotade ! Enfin, à la grâce de Dieu ! En voyage, il faut une inaltérable philosophie.

Que vous dirai-je de Tien-Tsin ? C'est une ville à concessions, c'est-à-dire mi-européenne, mi-chinoise. La ville européenne s'est relevée de ses ruines de 1900 et paraît prospère. Avant le chemin de fer de Han-Keou, c'était la voie nécessaire pour se rendre à Pékin, même par le Transsibérien qui fait un large détour pour atteindre les lignes russes. Quant à la ville chinoise, d'environ un million d'habitants, elle ressemble à toutes les autres villes de ce pays qui sont, sauf Pékin, sales et sordides.

Le bateau nous attend à Takou, nous partons en chemin de fer dimanche vers midi et, toujours à travers le même pays plat et monotone, nous descendons à la station de Tong-Ku où une barque à vapeur nous mène au navire. Il nous faut une heure et demie pour atteindre ce dernier, tant les rives sont plates et les eaux peu profondes; cette navigation à travers des bancs de sable, ou plutôt de boue, n'a rien de pittoresque. Enfin nous abordons le *Takeshima-Maru* (c'est le nom du bateau japonais qui doit nous conduire à Nagasaki). Navire, équipage, capitaine, tout est japonais; et je dois dire que ce premier contact avec le Japon nous donne tout d'abord une impression favorable. Le bateau est très propre, les cabines confortables, la cuisine bonne, et le personnel très empressé. Le voyage se présente sous les meilleurs auspices. En effet, le temps, d'abord assez froid, devient plus doux; et le lendemain matin nous abordons à Tche-Fou par un beau soleil.

Takou

Tche-Fou est situé dans une grande baie bien encadrée de montagnes. La ville est bâtie sur un promontoire qui se détache du fond de la baie; à droite est le port, et, à gauche, une plage qui sert de station balnéaire. De grandes murailles (toujours des murailles) se profilent sur les crêtes, le tableau est joli et tranche agréablement sur les paysages monotones que nous n'avons cessé de voir depuis notre arrivée en Chine. A l'entrée et à la sortie de ce pays, deux jolis

Tche=Fou

tableaux : Hong-Kong et Tche-Fou se font pendant —
un bel accueil, un gracieux adieu ! En dehors de cela,
j'ai parcouru des milliers et des milliers de kilomètres
pour ne voir que la plus ingrate des natures qui soit
sous le soleil. Nous avons profité de l'escale pour descendre à terre ; nous avons eu tort ; il valait mieux
rester sur notre première impression. Nous remon-

RADE ET VILLE DE TCHE-FOU

tons vite sur le *Takeshima* et en route. Le soir, nous
distinguons le dernier phare du Chang-Tong ; c'est
la pointe extrême de la terre de Chine. Le chapitre est
fini, tournons la page ; mais le livre n'est pas terminé ;
que d'intéressantes choses nous attendent encore !

Le lendemain, nous sommes en vue des côtes de
Corée. Déjà le paysage est moins sévère ; nous apercevons de la verdure, notre œil était las des teintes
grises, cela nous réjouit... Mais le ciel se couvre, la
mer se fait houleuse, Mlle J... disparaît, Mme de P...

quoique bien malade, dit-elle, consent à faire notre
bridge, et ce n'est qu'assez tard que nous nous couchons. Tout se passe bien jusqu'à une heure du matin,
mais alors se déchaîne une tempête qui se porte bien.
Nous roulons, nous tanguons, le navire embarque,
la machine souffle, l'hélice tourne hors de l'eau, la
petite fête est complète, si bien qu'après trois heures
de lutte, le commandant renonce à continuer sa
route, vire de bord et cherche un port de refuge. Vers
cinq heures, il rencontre Port Hamilton, situé dans
une île au sud de la Corée; non sans peine, il entre
dans la baie et jette l'ancre. La rade est bien fermée,
le goulet est étroit et de hautes montagnes nous
abritent du vent. Malgré cela, notre navire danse
comme un bouchon de liège. Que doit être la pleine
mer? Il est deux heures, la tempête ne se calme pas.
Combien de temps resterons-nous prisonniers? La
perspective commence à devenir peu attrayante et
dire que nous ne sommes qu'à douze heures du
Japon !

Sortie de la baie de Nagasaki. — En route pour Shimonoseki.

Je vous ai laissés à Port Hamilton par une mer
agitée; mais, en dehors des passes, elle était démontée.
Vers le soir, la pluie ayant cessé, nous pouvons sortir
de nos cabines en cherchant un abri contre le vent.
Quel superbe spectacle ! Le soleil se montre un ins-

11

tant et éclaire la cime des monts d'une teinte rouge
vraiment fantastique. C'est court, mais merveilleux.
Les îles qui nous entourent sont très habitées; nous
apercevons des villages coréens, ou plutôt des petites
villes très curieuses; les maisons sont en torchis et les
toits convexes leur donnent l'aspect de taupinières.
Mais le vent est si violent qu'il nous ramène dans nos
prisons, assez inquiets du lendemain. Malgré tout, je
m'endors. — Au réveil, au lever du jour, je m'aperçois que nous marchons, mais quel roulis !... Je veux
me lever... Dieu sait quelle lutte ! j'enrage ! Tout est
renversé pêle-mêle dans ma cabine, impossible de se
tenir debout; le découragement me prend par mo-
ments; cependant, je tiens bon et je finis par m'habiller. Je gagne le salon où le spectacle de la mer est
vraiment beau; je le trouve toutefois trop chèrement
acheté ! L... me rejoint et, comme moi, déclare que
cela manque de charme. Malgré notre pied marin,
nous ne pouvons rester debout, nous nous couchons
sur les banquettes; ces dames, elles, n'ont pas quitté
leur lit. Et cela dure ainsi toute la journée ! La mer
ne se calme qu'à l'approche de Nagasaki; mais le
temps est encore trop mauvais pour franchir le goulet
pendant la nuit; il faut jeter l'ancre à l'abri des îles.
Enfin, la nuit est calme. Dès le matin, je me réveille
et mes yeux sont charmés par de la verdure, des
arbres, des fleurs même. C'est le riant Japon; salut,
Soleil levant !

On m'avait dit et j'avais lu que le Japon était joli, charmant, un peu mignard; mais ce que je vois est beau, presque grandiose. Cette baie de Nagasaki, profonde échancrure rappelant les fjords de Norvège,

Japon
Nagasaki

est une rade immense, entourée de montagnes couvertes d'une riche végétation; la ville s'étend au fond avec ses arsenaux, ses chantiers, qui gâtent un peu le paysage, mais lui donnent une grande animation. De nombreux vapeurs sont embossés au large et les barques qui les

TORI, PORTE JAPONAISE

desservent se croisent en tous sens; elles sont, pour la plupart, couvertes de cages fermées qui rappellent les gondoles de Venise; les rameurs qui les conduisent à l'arrière, complètent l'illusion. Les quais bordés de maisons ont un aspect européen, mais la ville japonaise s'étend sur les coteaux. Tout cela encadré de verdure, de beaux arbres et de plantes fleuries. Nous sommes en avril; les cerisiers sont en fleurs.

La tempête nous ayant retardés, l'escale ne sera pas longue, il faudra repartir à midi. Descendons vite. D'abord, à la poste, où nous jetons lettres et cartes postales; puis, emportés par nos *Djin-richi-cha*, nous courons la ville. Les rues japonaises rappellent un peu celles de Chine, avec cette différence qu'elles sont aussi propres que les autres étaient sales. Pas de fenêtres aux maisons, seulement des baies avec des murs et des cloisons en papier. Les tremblements de terre ont fait proscrire les constructions trop massives. C'est égal, le papier me paraît bien léger ! Nous voyons deux temples : l'un sintoïste et l'autre bouddhiste; les Japonais, peu exclusifs dans leur foi, vont indifféremment de l'un à l'autre. Les temples, ceux-ci du moins, ne se distinguent pas par une architecture bien remarquable, mais ils sont bâtis dans des sites charmants — au milieu de la verdure et de beaux arbres. Et puis, de tous côtés, des fleurs; les camélias finissent, mais les rhododendrons, les azalées fleurissent, et les cerisiers, ces beaux cerisiers doubles du Japon, sont en pleine floraison.

Le dernier temple que nous avons visité est situé sur une série de terrasses où l'on accède par de nombreux escaliers et d'où l'on domine la rade. Sur chacune de ces terrasses se tenait une fête populaire qui paraissait être surtout réservée aux enfants; ils venaient y acheter bonbons et jouets et beaux rameaux de bambous où étaient attachées des sucreries coloriées et des fleurs. L'aspect était gracieux et charmant. Décidément, voilà des épithètes destinées à revenir souvent sous ma plume ! Je dois encore m'en servir si je veux vous parler des femmes japonaises. Sans représenter la beauté telle que nous la comprenons, elles m'ont paru avoir un charme réel ; j'ai pu en juger à cette fête qui semblait un rendez-vous de jeunes mères et d'enfants. A l'inverse de la Chine, où les femmes sont disgracieuses et les hommes généralement de beaux gaillards, ici les hommes sont franchement laids et les femmes plutôt bien. Mais tout cela n'est qu'une impression. Dans cette courte escale, je n'ai pu faire que des observations bien hâtives. Je remets à plus tard pour formuler un jugement.

Le départ a eu lieu vers une heure ; nous n'avons pas quitté le pont, de manière à jouir du paysage. En ce moment, nous sommes en pleine mer ; j'en profite pour vous écrire. Le vent s'est calmé, la mer est à peine ridée, quel agréable changement ! Nous serons vers deux heures cette nuit à Shimonoseki, mais pour ne débarquer que demain, et alors ... cinq semaines de terre ferme !

15 *Avril*.

Je puis disposer de quelques minutes ; vite, profitons-en pour vous écrire. Dans cette vie à la vapeur, je n'ai pas un instant à moi. Et pourtant, si nous n'étions pas talonnés par le temps, nous de-

vrions rester chez nous; il tombe une pluie presque
continuelle; waterproofs, chaussures ruissellent, mais
il faut marcher quand même, les jours, les heures
sont comptés. Nous composons seulement avec la
tempête, et encore sur mer; car, sur terre, rien ne nous
arrête. Ce temps est désolant. Nous visitons un si joli
pays ! Parfois le rideau de nuages se déchire et ce que
nous voyons est délicieux. Ma dernière lettre, je crois,

himonoseki vous laissait à Shimonoseki. Quel déluge, grand Dieu !

ENTRÉE DU TEMPLE DE MYAJIMA

quarante-huit heures d'ondées, sans interruption !
Le détroit, dit-on, est très beau; c'est possible, mais
nous n'avons rien vu ! Heureusement, l'hôtel était
parfait; propreté hollandaise, confort, élégance même,
rien ne manquait. Le 12, au matin, départ en chemin

Myajima de fer pour Myajima. Il pleut toujours; nous descendons quand même, et nous prenons le bateau pour

nous rendre dans l'île où est situé le temple sintoïste,
lieu de pèlerinage très suivi, sinon par raison de piété,
car la religion ici occupe peu, du moins pour parties
de plaisir, comme occasion de villégiature. En effet,
le site est heureusement choisi, au bord d'une baie,
avec la montagne comme fond de tableau; le temple
est bâti sur pilotis, de telle sorte que la mer à marée
haute l'entoure de tous côtés; une première porte
monumentale au milieu des flots, puis des allées
bordées de belles lanternes en pierres, et encore des
portes, des escaliers, enfin l'édifice très simple renfermant l'autel, voilà le temple. Sur la gauche, dominant le tout, une grande tour pagode à plusieurs
étages et à toits recourbés, complète le tableau qui,
dans son cadre de verdure, doit avoir un vrai charme.
Le parc entourant le temple paraît joli; des daims y
errent en liberté et sont là comme des animaux familiers. Mais nous poursuivons notre route, toujours
sous la pluie; nous gagnons notre hôtel situé au fond
d'une vallée. L'endroit également, par un beau temps,
doit être agréable; je ne lui reproche que d'être trop
fréquenté; restaurants et guinguettes sont en grand
nombre et rappellent Robinson. Quant à notre hôtel,
c'est un charmant bibelot anglo-japonais très réussi;
tout en bois et en papier, amusant au possible, mais
un peu fragile par ce temps de pluie. Le carton s'im-
bibe, le bois se disjoint, il pleut dans les chambres.

La pluie continue le lendemain, mais moins vio-
lente, et, ce que nous apercevons du paysage, nous

laisse des regrets de ne pas l'avoir mieux vu. Mais
il faut partir, nous reprenons le bateau, puis le chemin de fer, et en route pour Hiroshima, grande ville de
200.000 âmes, chef-lieu de corps d'armée, siège d'une
cour d'appel, etc. C'était autrefois la résidence d'un
des grands seigneurs de la féodalité. Aujourd'hui ce
n'est plus qu'une préfecture, et le grand seigneur a
son hôtel à Tokio, sous la main du Louis XIV japonais, le mikado actuel. La curieuse histoire que celle
de la Révolution du Japon ! Elle serait bien amusante à raconter en détail, mais je n'en ai pas le temps.
La voici cependant en deux mots, du moins telle que
j'ai pu la comprendre : Mikado, roi fainéant, Taïkoun, maire du palais, véritable souverain. Les autres
grands seigneurs, jaloux de la puissance du Taïkoun,
songent à le renverser. Ils se souviennent qu'il y a
un empereur, fils du Soleil, que l'on tient renfermé
dans son palais, mais que tout le Japon vénère encore
comme un descendant de la divinité. On prend sa
cause en main, on soulève le peuple, et on brise la
puissance du Taïkoun. Mais c'est alors que la comédie
commence. Le mikado, débarrassé de son tuteur,
n'entend plus en avoir d'autre ! Merci, messieurs les
grands feudataires, je vais vous récompenser ! Vous
serez les premiers seigneurs de ma cour, et vous de-
meurerez près de moi, mais vos États, vos provinces
deviendront des préfectures, et les troupes que vous
commandiez seront le noyau de l'armée nationale.
Tout cela se greffant sur la question de l'étranger,

contre lequel on protestait hier, car le plus grand grief contre le Taïkoun était qu'il avait passé des traités ouvrant le Japon aux puissances étrangères. Aujourd'hui, on ne parle plus que de civilisation européenne, que de progrès; mais il est entendu que, si l'on nous copie, c'est uniquement pour nous prendre nos armes, pour être les plus forts et... nous chasser...! Et cette révolution, cette transformation radicale vient de se faire en quelques années, en moins d'un demi-siècle; l'évolution, qui avait demandé chez nous cinq ou six cents ans, s'effectue en une génération, au Japon! Des guerres heureuses ont provoqué un grand élan national, réuni en faisceau les forces éparses et soudé les éléments disparates. Que la cohésion soit parfaite, c'est peu probable, mais le résultat acquis est déjà merveilleux et tient du prodige. Toutefois je suis depuis trop peu de temps au Japon pour me faire une opinion. Attendons encore... Mais je n'ai pu résister à vous raconter une amusante histoire.

Je m'aperçois que ma parenthèse a été bien longue. Revenons à Hiroshima. La ville est très grande, il nous faut une demi-heure en pousse-pousse pour aller au château féodal qui n'offre d'ailleurs rien d'intéressant; une enceinte de grosses pierres jointes sans ciment, une grande demeure à toits superposés et recroquevillés, mais un joli jardin tourmenté, mignard et amusant, avec de petites pièces d'eau, de

Hiroshima

petits ponts, des rochers minuscules, et des arbres torturés, rabougris et très vieux, le tout au milieu de massifs de rhododendrons, d'azalées et de cerisiers en fleurs.

En sortant du château, nous prenons par la place d'armes; des soldats y manœuvrent. Diable! cela devient sérieux! Il ne s'agit plus d'un jouet d'enfant! Tous ces gaillards me paraissent de solides soldats, bien équipés, bien armés et manœuvrant avec une surprenante correction. Le général en est impressionné; il retrouve chez ces Japonais les principes de notre instruction militaire, non seulement judicieusement appliqués, mais développés avec un entrain, un brio étonnant. L'infanterie paraît excellente, l'artillerie bonne, la cavalerie seule laisse à désirer; les bêtes sont petites et lourdes, les hommes gauches; le Japonais, infatigable marcheur, n'est pas un homme de cheval. Ce que nous avons vu ne suppose que l'instruction des hommes; quelle est celle de l'officier? Nous ne pouvons en juger. En tout cas, l'instrument que ces derniers ont entre les mains paraît merveilleux. Tout cela, en nous intéressant, nous donne à réfléchir. Il se forme, en ce moment en Extrême-Orient, une puissance militaire formidable, et, dès aujourd'hui, les nations européennes doivent la surveiller, l'endiguer même si c'est possible... Mais nous reviendrons sur le sujet... continuons notre voyage.

Nous ne passons que la matinée à Hiroshima et

à deux heures nous repartons en chemin de fer pour Kobé. Le temps s'est éclairci, la vue se dégage, et nous pouvons jouir du tableau qui se déroule sous nos yeux. La route est vraiment superbe; le chemin de fer suit presque tout le temps le bord de la mer et nous rappelle le trajet de Fréjus à Nice et à Monaco, avec cette différence que la mer intérieure du Japon est semée d'îles qui rompent la monotonie du large. Tout le pays que nous traversons est d'une richesse extrême et admirablement cultivé; seules, les pentes des montagnes, plantées d'ailleurs de bois, semblent pouvoir être défrichées à une plus grande hauteur. La campagne est ravissante en ce moment; les colzas, très abondants, couvrent le sol d'un manteau d'or, alors que cerisiers et pêchers bordent les champs de teintes rouges et roses. A chaque instant, le train s'arrête, les villes et les villages se succèdent d'une façon presque ininterrompue; j'ai rarement vu un pays plus habité. Tout d'ailleurs respire l'aisance, et la propreté est extrême; nous en sommes d'autant plus frappés que nous revenons de Chine où la saleté dépasse tout ce que l'on peut imaginer.

Nous n'arrivons à Kobé que vers dix heures du soir. Dans le même train que nous, voyageait le marquis de X..., ex-ministre, président du conseil. Il avait retenu pour lui seul un immense wagon à plusieurs compartiments, et, comme tous les autres étaient pleins, nous ne savions comment nous caser. Lorsqu'il a vu notre embarras, il nous a fait dire

qu'une des pièces de son wagon était à notre disposition; on ne pouvait être plus aimable que ce grand
seigneur japonais ! Les wagons sont extrêmement
longs, les banquettes sont dans le sens de la longueur
avec des couchettes au plafond qui se rabattent; on
y dort bien, mais on y est mal assis. Pour nous autres
Européens, les banquettes sont trop larges. Quant
aux Japonais, ils se déchaussent et s'installent à la
turque.

Kobé   Kobé est une ville immense de près de 600.000
âmes, 800.000 même avec Hiogo, qui aujourd'hui lui
est annexé. Comme il y a là un grand commerce avec
l'Europe et les Etats-Unis, tout un quartier de la
ville est réservé à nos nationaux. L'Oriental hôtel
où nous sommes descendus, est situé au bord de la
mer, et de nos fenêtres nous découvrons la rade couverte de bateaux, qui nous rappelle celle de Singapore; qui l'eût cru !... Heureusement, la pluie fait
trêve, et nous pouvons sortir. Toujours visite de
temples, puis promenade à flanc de montagne, le
long de la corniche qui domine la ville; enfin, journée
terminée chez des marchands de curiosités. Achat de
bouddhas en bois sculpté (la religion étant en baisse
au Japon, les bonzes vendent leurs dieux !) achat de
petits, très petits satzoumas, comme Gaston les aime;
arrangement des malles que nous envoyons directement à Kioto, enfin dîner avec le capitaine portugais qui nous avait si bien reçus à Macao. Il était

RUE A KOBÉ

venu passer son congé au Japon; cela nous a permis
de lui rendre sa politesse.

Le départ pour Osaka le lendemain était fixé pour
huit heures. Pour changer, il pleut : vraiment c'est
trop de pluie ! Notre guide qui, comme Japonais, ne
doute de rien, nous affirmait que les trente kilomètres

DAIBUTSU A KOBÉ

qui séparent Kobé d'Osaka seraient bientôt bâtis et
que les deux villes se rejoindraient. Nous avions ri;
mais en voyant, du chemin de fer, cette banlieue toute
couverte d'usines, nous nous sommes demandé s'il
n'avait pas raison. Hiogo et Kobé ont 800.000 âmes;
Osaka, 1.200.000; Nara, Kioto sont aussi de très
grands centres, tous dans un cercle assez restreint;
c'est vous dire la densité de la population. Mais ce

qui frappe plus encore, c'est l'activité industrielle que nous retrouvons partout. Sur tout le parcours, entre Kobé et Osaka, je n'ai vu que des usines, des manufactures, de grandes cheminées fumantes. En Chine, j'ai rencontré une densité de population considérable, plus grande même encore, mais d'industrie pas ou presque pas; du commerce et c'est tout. Il

CHATEAU D'OSAKA

faut entendre le guide parler de son Japon ! « Nous produisons tout, dit-il, inutile pour nous d'importer; nous fabriquons nous-mêmes tout ce dont nous avons besoin. » Au début, nous le prenons pour un bluffeur; nous finirons par croire qu'il est dans le vrai.

Osaka   En arrivant à Osaka, il pleuvait encore ! Malgré cela, nous parcourons la ville. Vu l'hôtel de la Monnaie avec son installation à l'instar de Paris, vu des

NARA — TEMPLE DE KASUGA

temples et des rues interminables, admiré surtout les restes cyclopéens de son château fort, aujourd'hui démantelé, qui a joué un rôle historique dans la dernière révolution.

Le lendemain, revu des temples, cette fois assez imposants, toujours en bois, mais avec de belles sculptures et des pagodes à quintuples toitures. Quoi qu'il en soit, rien de très remarquable. Le plus intéressant est l'arrêt de la pluie; le vent change; aurions-nous enfin le beau temps? Ce serait d'autant plus à souhaiter que nous allons à Nara où le paysage est un des grands attraits de l'excursion. Montre-toi donc, soleil !

Samedi 8 Avril 1908.

Nous arrivons de Nara; cette fois, le soleil a favorisé notre excursion, et nous avons pu voir ce beau pays dans toute sa splendeur. La campagne que nous parcourons tout d'abord est charmante, par ce joli mois d'avril où tout est fleuri : glycines, iris, cytises et cerisiers font du Japon une délicieuse corbeille de fleurs. Mais nous voilà à Nara. Avec une population de 50.000 âmes, Nara est exclusivement une ville sacerdotale, qui vit par ses temples. Quelque temps capitale dans les premiers siècles de notre ère, elle est aujourd'hui un lieu de pèlerinage. Les temples sont bâtis dans un parc immense, situé sur les premières pentes de la montagne. Très bien dessiné, ce

Nara

parc est rempli d'arbres archicentenaires, surtout
de magnifiques cryptomerias, dont malheureusement un assez grand nombre menacent de mourir.
Des centaines, des milliers de petits cerfs errent en
liberté, avec une telle familiarité qu'ils viennent
nous provoquer pour que nous leur donnions à man-
ger. Deux tem-
ples sont parti-
culièrement vé-
nérés, un shin-
toïste et un autre
bouddhiste ; ils
vivent en bonne
intelligence et se
partagent la dé-
votion des pèle-
rins que nous
rencontrons en
grand nombre.
Ce peuple, dit-
on, n'a pas gran-
de piété, et ce-
pendant il se

PAGODE A NARA

plaît dans les pèlerinages ; c'est une occasion de plaisir,
un prétexte à voyage, plus qu'une œuvre pie, et puis,
qui sait ? Si cela ne fait pas de bien, cela ne peut pas
faire de mal ! On part, en général, en bande avec un
signe distinctif et on emporte des provisions ; mais,
avant de faire la dînette, on remplit ses devoirs reli-

gieux : on monte les escaliers qui conduisent au temple, on se déchausse à l'entrée et devant le Bouddha, ou la plaque de sentences shintoïstes, on s'agenouille, on frappe dans les mains, on appelle ainsi l'attention du dieu, on marmotte quelques invocations... et tout est dit. Mais que sont ces temples? Je suis tenté de les définir ainsi : un portique, des escaliers, des lanternes. Quant aux temples eux-mêmes, ce sont, presque partout, de grandes salles recouvertes d'une double toiture, soutenues par des piliers en bois et sans autre ornement qu'un autel garni d'un brûle-parfums, de deux vases et de deux chandeliers entourant un Bouddha ou une plaque de sentences. Dans les grands temples, s'ajoutent une tour pagode à cinq rangs de toitures et quelquefois un hangar contenant une énorme cloche que le fidèle fait sonner avec une poutre maniée comme un bélier. Il n'y aurait là rien de particu-

POLITESSE JAPONAISE

lièrement remarquable, n'était le cadre dans lequel ces temples sont placés. Le Japonais comprend la nature en véritable artiste et la fait merveilleusement concourir à l'effet décoratif de ses édifices. Il a fait ainsi de Nara un séjour délicieux.

L'hôtel anglo-japonais où nous sommes descendus est un vrai petit bibelot; comme à Myajima, on a tout le confort anglais dans un cadre japonais. Nous profitons des quelques instants qui nous restent pour courir les magasins, et je trouve une pièce de bronze, brûle-parfums ou jardinière, qui me plaît assez. Le beau temps continue, la soirée est très belle avec un superbe clair de lune... Oh ! le délicieux pays ! Nous avons peine à nous en arracher, mais, comme les étrangers affluent de toutes parts, avec force courbettes et salutations (car ce peuple est éminemment poli), on nous met gentiment à la porte.

Kyoto   Une heure de chemin de fer, et nous sommes à Kyoto, Kyoto la ville sainte, la capitale du Mikado, au temps du Shogunat. Aujourd'hui, malgré ses 400,000 âmes, ce n'est plus qu'un centre religieux, avec ses palais déserts et ses temples où les foules affluent. Quoique découronnée, Kyoto n'en conserve pas moins une grande influence morale ; c'est une sorte de Moscou japonaise. La ville, bâtie à l'extrémité de la plaine, est adossée à la montagne qui semble l'envelopper. Comme dans toutes les cités japonaises, les maisons sont basses, les rues étroites, mais propres et bien entretenues; elle n'a pas d'autres monuments que son Palais et ses temples. Mais ces derniers,

par leur grandeur, leur importance, méritent bien
cette fois le nom de monuments. Le premier que nous
visitons est celui de Chionin, situé au milieu d'un
parc, sur les premiers contreforts de la montagne;
il rappelle les temples de Nara, et comme eux, tire
surtout son intérêt du cadre où il est placé. Le temple

CAMPAGNE DES ENVIRONS DE KYOTO

de Kyomizu est situé encore plus haut, au-dessus
d'un ravin très pittoresque, et de ses terrasses on
domine la ville et les environs. Vu encore le temple
des mille dieux, où mille Bouddhas de grandeur na-
turelle, en bois doré, sont rangés en bataille; Nishi
Hongayi, Nigashi Hongayi, où les temples, cette fois,
acquièrent une réelle importance et sont intéressants
par eux-mêmes. La hauteur du plafond, les colonnes

énormes faites d'un seul tronc d'arbre, les sculptures
des frises, la richesse de décoration des autels, le

TEMPLE A KYOTO

plan et les proportions de l'édifice, frappent le visi-
teur et forcent son admiration. Mon Dieu ! que de

ENTRÉE DE TEMPLE A KYOTO

temples ! Le soir, nous étions las d'escaliers montés,
de pieds déchaussés et d'admiration à jet continu !

Kyoto, 19 *Avril*.

Nous en avons assez des temples, des bouddhas
en pierre, en bronze, en laque, en bois doré;
nous voulons du grand air et les jolis horizons
de la campagne japonaise. Nous partons donc en
chemin de fer et à une heure de Kyoto, nous
abandonnons le train pour monter en barque. Il
s'agit de descendre les rapides de Hodzu. Du
wagon, en traversant des gorges montagneuses,
nous avions aperçu un torrent qui dévalait en
cascades, bondissant à travers des rochers. Il nous
paraissait pittoresque, mais nous ne soupçonnions
pas que des barques pussent y passer. C'était pourtant lui que nous allions descendre. Au premier moment, ces dames se récrient; elles n'en partent pas
moins. Par instants, la barque file comme une flèche
et semble vouloir se briser sur la roche; par d'autres,
elle bondit, s'affaisse, menace de s'engloutir, mais
aussitôt elle se relève et reprend sa course folle.
On est, tout d'abord, pris d'une certaine appréhen-
sion; mais on voit les mariniers si adroits, si sûrs
d'eux-mêmes, qu'on oublie le danger pour se griser
de vitesse; si bien qu'en arrivant, après une heure et
demie de course vertigineuse, on se plaint que ce soit
fini et on descend à regret. C'est que le paysage est
si beau et si grand ! On vogue tout le temps au milieu
de rochers qui tombent à pic, avec des tournants

imprévus du plus curieux effet. Et quelles teintes dans ces bois qui couvrent la montagne! Du vert, du jaune, et du rose, oui, du rose en grandes nappes; j'ai rarement vu quelque chose de plus doux à l'œil. A l'extrémité de la partie torrentueuse du ruisseau, nous descendons et nous tombons dans une fête populaire. Le dimanche est aussi un jour de repos au Japon et le Japonais, comme le Parisien avec lequel il a tant de rapports, aime à s'ébattre aux champs. On avait apporté notre déjeuner et nous nous mettons à table au milieu de cette foule en fête.

J'allais oublier notre représentation théâtrale. Si toute la ville était en liesse, c'était à l'occasion de la fête des cerisiers; et les geishas donnaient, en son honneur, une représentation extraordinaire.

Les geishas ne sont pas des filles vulgaires et, si elles le deviennent d'ordinaire, elles sont quelquefois épousées et rentrent dans le monde. On les élève avec soin, leur apprenant tous les arts d'agrément, surtout la danse, la musique et l'art de disposer les fleurs. Je ne vous dépeindrai pas cette représentation: les deux rangs de musiciennes de chaque côté de la salle et les danseuses en superbes costumes, arrivant sur le théâtre en double théorie, dansant et mimant des scènes que les initiés devaient comprendre, mais dont la vue suffisait pour nous charmer. Chose extraordinaire, chez ce peuple qu'on dit si lascif, les danses étaient très réservées, très convenables, et il n'était pas une jeune fille qui ne pût y assister. Quant à la musique, j'ai en vain cherché à y discerner quelque chose, je n'ai pas réussi.

Profitant du beau temps, nous décidons pour le lendemain la promenade du Lac Biva, 25 kilomètres en *richi* (c'est le pousse-pousse du Japon), par une route charmante, à travers la montagne. Pour ce long trajet, deux hommes s'attellent à chaque voiturette et... en route. Quels intrépides coureurs que ces *djins* ! S'ils sont habillés à présent autrement qu'avec leurs beaux tatouages, ils ont conservé leurs muscles d'acier et ils enlèvent les 25 kilomètres en moins de trois heures !

Lac Biva

La route, je dois le dire, est par exception bien entretenue. Nous croisons un monde énorme : des charrettes, entre autres des haquets chargés de tonneaux dont le liquide odorant ne peut faire de doute. C'est le principal engrais des champs que la ville restitue à la campagne. Un instant, la voie est encombrée par une troupe de soldats qui font le service en campagne ; quels rudes gaillards, comme ils passent crânement et manœuvrent avec entrain ! Nous arrivons enfin au sommet de la dernière côte et nous apercevons une immense nappe d'eau, entourée de montagnes ; c'est le lac Biva ! « Mais voilà le lac de Genève ! », s'écrie M. Pin, qui est d'origine suisse. Le spectacle est en effet grand et beau, et rappelle le Léman ; nous montons à un temple qui le domine et nous apercevons, sinon l'extrémité, du moins les principaux contours. Mais le but de l'excursion n'est pas ici, il faut descendre et longer la rive pendant près d'une heure, pour atteindre Karasaki, sorte de promontoire où s'étend un pin plusieurs fois centenaire. Je dis *s'étend* et non se dresse, car les Japonais, qui aiment et comprennent d'ordinaire si bien la nature, se plaisent à torturer certains arbres pour en obtenir des effets bizarres. Ainsi, ils s'amusent à faire des arbres nains qui, très vieux, restent tout petits; d'autres fois, et c'est ici le cas, ils prennent un pin, un arbre pivotant, et se plaisent à le faire s'étendre en largeur. Celui de Karasaki couvre plusieurs ares de ses rameaux; c'est plutôt bizarre que joli ! Comme à Hodzu, nous déjeunons sur l'herbe et nous laissons à nos djins un repos bien gagné.

A deux heures, départ. Cette fois, nous prenons le canal à Hodzu pour revenir en barque. Ce matin, j'avais aperçu une grande ligne coupant la montagne; on m'avait dit que c'était le canal par lequel nous reviendrions... Alors on va en bateau sur les monts? Etrange pays ! En effet, à peine embarqués, nous entrons dans un tunnel de près de trois kilomètres, qui perce la montagne. Sur l'autre versant, il débouche à mi-côte, de sorte que du bateau on domine la vallée. Cette navigation est originale, elle dure près d'une heure. A un moment, le canal s'arrête, nous débarquons, mais d'autres barques se disposent

à poursuivre leur route... comment? C'est bien
simple ! Un va-et-vient amène une sorte de radeau qui
d'abord plonge dans l'eau, soulève le bateau et l'en-
traîne sur des rails. Là, il descend une pente d'une
centaine de mètres, qui l'amène à un autre canal, lequel le conduira jusqu'à Osaka, c'est-à-dire jusqu'à
la mer ! Drôles de barbares que ces Japonais ! Demain, nous devons visiter le Palais impérial, et dans
la journée, nous assisterons à la procession en l'honneur de la fête des cerisiers.

Mardi 21 Avril.

Vu les fameux palais ! Ce n'est pas eux qui feront
oublier Fontainebleau ni Versailles ! Au milieu d'une
belle enceinte, à laquelle on accède par de grandes
portes en bois sculpté, ornées de cuivres dorés et
damasquinés, s'élèvent les palais, vastes bâtiments
sans étages, à doubles toits recourbés. Ces constructions juxtaposées, sans ordonnance apparente, comprennent une série de salles, absolument nues, dé-
pourvues de tout mobilier et n'ayant pour ornements
que des peintures murales sur papier de Chine, simu-
lant des fresques qui représentent des paysages fan-
taisistes, des fleurs, quelques animaux, sujets vus
sur les écrans et les paravents. Les murs sont en bois,
les cloisons en papier; les plafonds, assez beaux, sont
formés de caissons peints. Ce qu'il y a de vraiment
bien, ce sont les ferrures; les joints sont dissimulés

par des plaques en bronze damasquiné d'une grande finesse. Le palais du Taïkoun, entouré de murs et de fossés, constitue une vraie forteresse; il est plus récent que celui du Mikado. Le Maire du Palais affirmait sa puissance vis-à-vis de son Roi fainéant. Il tenait à prouver sa supériorité, même quand il venait rendre hommage à l'Empereur-Dieu. Son palais, plus riche, plus orné que celui du Mikado, témoignait non seulement de sa puissance, mais aussi de sa richesse. Vu en revenant le musée et des boutiques d'antiquaires. On dit que Kyoto est la ville du bibelot, qu'on y trouve de vraies merveilles... C'est possible, mais à des prix exorbitants ! Je doute que nous y fassions d'avantageuses trouvailles. Je vous quitte pour aller à la procession des cerisiers.

Mardi soir.

La fameuse procession ne nous a que médiocrement intéressés. Défilé de corporations avec bannières, costumes trop semblables à ceux que l'on voit tous les jours dans la rue, promenade de grandes châsses dorées, portées à dos d'homme. Ces porteurs cherchent les uns à entraver la marche, les autres à l'accélérer. La foule seule est intéressante : gaie, rieuse, bonne enfant. Ce peuple décidément est aimable.

23 *Avril* 1908.

Je vous ai quittés à Kyoto, au moment de partir
pour la deuxième procession. Cette fois, aucun rapport avec la cérémonie populaire de la veille. C'est
un défilé de geishas dans les plus brillants costumes.
Il paraît que ce sont les professionnelles beautés de

GEISHAS EN PROMENADE

l'endroit. Mais que ce type est loin de celui que
nous admirons ! Ainsi que je vous le disais, c'est un
simple défilé à pas lents, très lents. Tout d'abord, des
enfants traînant un char de fleurs, puis viennent les
geishas, précédées chacune de deux fillettes, probablement aspirantes geishas elles-mêmes. Ces dernières,

distantes de trente à quarante mètres, défilent sépa-
rément, de façon à faire admirer leurs costumes.
Plâtrées et maquillées, ces jeunes femmes sont loin
de nous paraître jolies, mais leurs coiffures sont si
bien travaillées, leurs robes si belles et si riches,
qu'elles font la plus vive impression sur le peuple
japonais.

Nous finissons la journée dans les magasins;
trouvé un petit bouddha dans sa boîte laquée, fin et
charmant.

Le lendemain, nous quittons Kyoto avec le vif
regret de laisser cette ville, un des rares endroits
où l'on aimerait à vivre ou du moins à faire un long
séjour; mais impossible de s'endormir dans Capoue !
Marche toujours, voyageur, marche ! Trois heures
d'express le long du lac Biva et à travers un beau
Nagoya pays de montagnes, nous mènent à Nagoya. Grande
ville de 500,000 âmes, chef-lieu de corps d'armée, etc.
Comme toujours, les maisons n'ont pas d'étages, si
ce n'est un entresol bas qui sert quelquefois de
chambre et plus souvent de grenier. Mais les rues sont
grandes et larges, ce qui d'ailleurs fait paraître les
maisons encore plus petites. Je suis partout frappé
de la quantité de fils télégraphiques et téléphoniques
qui courent le long des avenues. J'en ai compté parfois jusqu'à deux cents. On dirait de chaque côté de
ces voies les trames d'immenses métiers à tisser, ce
qui est loin de charmer la vue ! Mais les villes japonaises, pas plus que les chinoises, n'ont la prétention

d'être pittoresques. Le seul avantage en faveur des japonaises, et il est appréciable, est d'être éminemment propres. Donc, à Nagoya, rien d'intéressant, en dehors d'un grand temple aux bois finement sculptés et d'un château fort qui est le type le mieux caractérisé de l'époque féodale. Double enceinte de murailles et de fossés, château central, ou réduit, de cinq étages à toits multiples d'où l'on domine tous les environs. C'est formidable, mais affreusement triste; aussi le seigneur habitait-il une autre demeure construite dans l'une des enceintes. Je vous quitte pour aller au théâtre, nous allons voir ce que peut être un drame japonais.

23 au soir.

Vu le drame japonais, pièce à caractères essentiellement modernes, calquée sur une de nos comédies de mœurs. Je doute cependant qu'elle ait la valeur des pièces de Dumas ou de Sardou ! Pas de femmes sur le théâtre, rien que des hommes; des jeunes gens déguisés tiennent les rôles de femmes. La salle était amusante; pas de fauteuils, mais de petites cases en bois, où l'on s'assoit en tailleur. Du reste, on s'y met à l'aise; on se déchausse, on prend le thé et on fume. Pour nous, Européens, on avait apporté des chaises.

En retard d'un jour par suite de la tempête dans

13

le détroit de Corée, nous brûlons Sizuoko et nous allons directement demain à Miyanoshita.

Fujiya hôtel, 26 Avril 1908.

Où suis-je venu en quittant Nagoya? En Suisse ou aux Pyrénées? Bâti dans une gorge au fond de laquelle coule un torrent, enveloppé de forêts et dominé par de hautes montagnes, Fujiya hôtel où nous sommes descendus, est installé, non seulement avec confort, mais avec luxe, avec élégance même. Les chambres ont toutes les commodités qu'on peut souhaiter; la cuisine est bonne et les voyageurs qui nous entourent sont presque exclusivement Européens. C'est le personnel d'Aix ou de Luchon. Arrivés la nuit au dernier lacet de la route, nous apercevons une ligne de feux; l'électricité de l'hôtel illumine l'horizon. En descendant de nos richis, nous entrons sous une véranda, au milieu d'un groupe de femmes en grande toilette et de messieurs en gilets ouverts. On parle toutes les langues de l'Europe, c'est le milieu cosmopolite de nos grands hôtels.

Une des choses vraiment curieuses de ce voyage au Japon, à l'heure actuelle, est le contraste entre les mœurs anciennes qui n'ont pas encore disparu et notre civilisation européenne qui prend pied partout et tend à s'installer. A Fujiya hôtel, c'est l'Europe, il faut en prendre son parti. Au milieu de nombreux Américains, d'un certain nombre d'Anglais,

nous retrouvons même des Français, moins rares en
Extrême-Orient, que je ne me l'étais figuré.

La voyage de Nagoya à Miyanoshita est long : de
huit heures du matin à neuf heures du soir; mais il
se fait sans ennui, car la route est charmante. Tout

Miyanoshita

EN ROUTE VERS MIYANOSHITA (VUE DU FUSI-YAMA)

d'abord, nous franchissons une ligne de montagnes;
puis, assez longtemps, nous longeons la mer pour
atteindre le massif montagneux du Fusi-Yama, dont
nous apercevons, au-dessus des nuages, la belle cime
neigeuse. Malheureusement, la nuit tombe à notre
arrivée à Kodzu et c'est dans l'obscurité que nous
nous engageons, en richis, dans la vallée qui mène
à Miyanoshita. Nous avons refait de jour cette ravis-

sante route. Du reste, les excursions ici sont plus
jolies les unes que les autres; malheureusement, le
temps semble se mettre à la pluie. Souhaitons que
l'ondée cesse avec la nuit, car notre projet de demain
est de gagner un col très pittoresque d'où l'on découvre, dans toute sa splendeur, le majestueux Fusi-
Yama.

Mardi 28 *Avril.*

La pluie tombe toujours! C'est désolant, car le
pays est charmant! Les quelques courses dans la
montagne que nous avons pu faire, dans l'intervalle
des ondées, augmentent le regret de notre réclusion
forcée. Toutefois nous ne sommes contrariés jusqu'à
présent que dans nos promenades; mais si la pluie
continuait, tous nos projets seraient dérangés; le
cas deviendrait grave. Nous sommes, hélas! com-
mandés par les dates de départ des bateaux et c'est
le 13 mai qu'appareille le paquebot pour San Francisco.

2 *Mai* 1908.

Après deux jours de pluie à Miyanoshita, le soleil
s'est enfin levé et nous avons pu partir. Oh! la belle
route jusqu'à Hakone et surtout d'Hakone à Atamy!
Comme c'eût été dommage de ne pas la faire par un
beau soleil! Le ciel est encore bien couvert au dé-

part; mais, peu à peu, les nuages se dissipent et les montagnes se découvrent successivement; seul, le Fusi-Yama persiste à rester voilé. La route est assez rude et certains passages difficiles; aussi préférons. nous descendre de nos chaises à porteurs et franchir à pied certains mauvais pas. Je prends si bien goût à

CRYPTOMERIAS A HAKONE

cette marche en montagne, que je fais pédestrement une partie de la route. Du reste le paysage devient de plus en plus intéressant en approchant d'Hakone; un dernier col, et voici le beau lac entouré de grands cryptomerias séculaires, qui sur un côté du moins, lui font un cadre magnifique. J'arrive assez las à l'hôtel, où, Dieu merci, un dîner nous attend. Il est bien amusant cet hôtel, qu'on devrait plutôt appeler

Hakone

auberge, tout en bois et en papier. Ma chambre est dans un pavillon bâti sur le lac, qui l'entoure de trois côtés. Le flot qui vient mourir à mes pieds me berce, m'endort, et je passe une nuit exquise ! A cinq heures, je suis réveillé par le soleil qui inonde ma chambre, je me soulève sur mon lit, et en face de moi, au fond du lac, dans l'échancrure de la montagne, se dresse, éblouissant et majestueux, le Fusi-Yama couvert de neige. Vraiment par cette éclatante lumière, le spectacle est admirable !

Promenade en bateau, déjeuner et départ pour Atamy. Cette deuxième partie de l'excursion est la plus belle. Atamy est situé à l'extrémité d'une presqu'île montagneuse. Tout le trajet se fait sur la crête des montagnes, avec la mer à droite et à gauche, et cela, à une altitude de 1,000 à 1,200 mètres, ce qui permet de découvrir un horizon immense. Un des cols est même appelé le *Col des dix provinces* que, paraît-il, on découvre, de ce point. Etant un peu las de la course de la veille, je fais presque tout le trajet en chaise, portée par quatre hommes accouplés deux par deux. C'est un bien triste moyen de locomotion. Comme le chemin est presque toujours difficile, le pas des porteurs ne s'accorde jamais et l'on est horriblement secoué. Malgré cela, nous sommes ravis du beau spectacle qui se déroule sous nos yeux.

Atamy

Rien de gracieux comme ce petit village d'Atamy ; je comprends qu'on l'ait choisi comme station de bains de mer. En dehors du bon hôtel où nous sommes descendus, on a construit de nombreuses villas qui en font une station très suivie.

Le lendemain, départ pour Tokio. Nous prenons d'abord un tramway établi sur le flanc de la montagne, au bord de la mer, et, d'un commun accord, nous comparons cette corniche à celle de Salerne à Amalfi. C'est vous dire si la route est encore intéressante. A Odowara, nous prenons le chemin de fer et le soir, pour dîner, nous sommes dans la capitale du Japon, ville immense, de 1,800,000 âmes. Comme les maisons n'ont pas d'étages, vous comprendrez l'étendue de terrains que la ville recouvre; d'autant plus que le palais impérial, avec ses jardins, est placé au centre et occupe à lui seul un grand espace.

Ce soir, nous dînons chez M. Gérard que nous avons été voir dès notre arrivée et qui nous a accueillis de la façon la plus charmante. Il vous a connue, Denise, au Caire, et a conservé de vous le plus charmant souvenir; il m'a parlé de votre père et m'a chargé de mille choses aimables pour vous deux.

3 *mai*. — Tokio, comme toutes les villes du Japon, n'a pas grand intérêt; les édifices modernes qu'on y a construits sont, pour la plupart, d'un extrême mauvais goût. Je crains que ce peuple, qui pourtant est artiste, ne s'égare en voulant nous copier en tout. On peut à la rigueur, et il vient de le prouver, trans-

Tokio

former en peu de temps un outillage industriel, un
matériel de guerre, voire même la coupe des vêtements; mais il ne paraît pas devoir en être de même
de l'orientation artistique. On n'improvise pas un
art nouveau sans racine, dans un pays. Chaque
peuple se fait un idéal; en voulant emprunter celui
des autres, on risque de rester un plat copiste et on
est certain de perdre son originalité.

On a donc cherché à européaniser Tokio, la capi-

ENTRÉE D'UN TEMPLE A TOKIO

tale de l'empire, résidence des ambassadeurs et de
nombreux étrangers. De larges avenues ont été
percées, nombre de bâtiments officiels, ministères,
tribunaux, casernes, écoles, ont été construits en
pierre; des marais ont été desséchés et des jardins
publics aménagés. On a dépensé, gaspillé même
beaucoup d'argent, mais il a été impossible de faire
de cette populeuse cité autre chose qu'un grand vil-

LAC ET VUE DE TOKIO

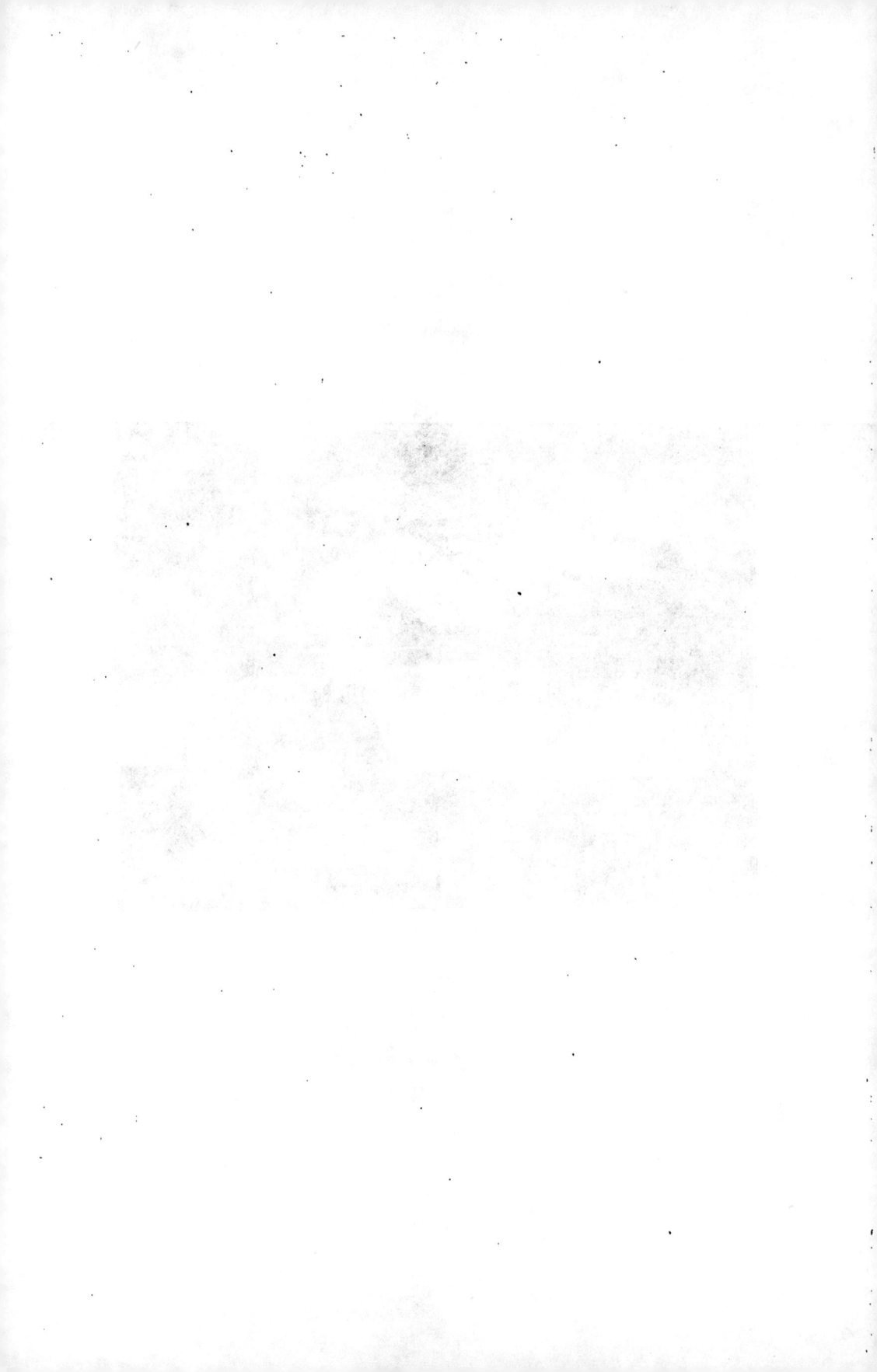

lage, qui est loin d'avoir l'intérêt de Kioto, la ville historique, elle, bien japonaise, avec ses rues étroites et ses maisons en bois, ses palais et ses temples, où le génie propre du Japon s'est conservé intact et si original. Il y a cependant à voir à Tokio les tombeaux des Shoguns, qui sont d'une grande richesse et construits dans le pur goût japonais, ainsi que les jardins

JARDIN PUBLIC A TOKIO

et les parcs. Mais le spectacle le plus intéressant est encore celui de la rue ! je ne m'en lasse jamais.

Nous sommes allés à Asakusaku voir une fête de quartier; c'est la foire de Neuilly : les amusements populaires me rappellent les nôtres. C'est étonnant d'ailleurs, comme le Japonais, à mon avis, se rapproche du Français, non pas seulement par son costume qu'il copie, mais par sa tenue, ses manières aimables, sa vivacité, son entrain. Bien que ce soit géographi-

quement le peuple le plus éloigné de nous, je me sens
au Japon, plus rapproché de France, que dans n'importe quel pays de l'Extrême-Orient.

Notre dîner d'hier à l'ambassade s'est très bien
passé. J'ai trouvé là plusieurs personnes qui vous
connaissent, mes chers enfants. En dehors de l'ambas-
sadeur, le commandant d'artillerie Lelong, non pas
attaché, mais délégué militaire au Japon, et attaché
à l'Etat-major de l'armée japonaise, le deuxième
secrétaire d'ambassade, puis un jeune G..., envoyé
par sa famille pour étudier le Japon au point de vue
économique. Il m'a été doux de parler de vous.
L'attaché militaire, le lieutenant-colonel Corvisart,
marie sa fille à un secrétaire de l'ambassade de Russie; il n'était pas au dîner, je l'ai regretté; mais j'ai
beaucoup causé avec l'attaché naval, M. Martini,
qui a suivi la guerre russo-japonaise; il m'a beaucoup
intéressé.

Je n'en finirais pas, si je vous disais tout ce que
j'ai appris. Tout le monde est ému du grave accident qui vient d'arriver à l'arsenal. Un des principaux navires de guerre japonais a sauté comme l'Iéna
à Toulon, et a fait de très nombreuses victimes. C'est
encore cette terrible poudre qui a fait explosion. Ce
fait local a un intérêt général, en prouvant une fois
de plus les dangers des nouveaux explosifs.

Nous partons demain matin, 5 mai, pour Nikko.

Nikko. 5 Mai 1908.

Elle est charmante, ma petite chambre, toute en bois, avec cloisons en papier ! Elle a pour unique ouverture un châssis qui glisse dans sa rainure, mais alors on découvre la montagne dont la cime est encore enveloppée de neige et dont les flancs sont couverts de beaux cryptomerias qui lui font une ceinture de verdure, d'où émergent les toits recourbés des pagodes. Par bonheur le temps s'est remis au beau pour longtemps, espérons-le, car le soleil est indispensable dans ce pays de montagnes. Hier, à Tokio, la pluie est tombée toute la journée et toute la nuit, et c'est

Nikko

TOKAÏDO

en tremblant que, ce matin, j'ai ouvert ma fenêtre. Le soleil s'efforçait de sortir des nuages; il y réussissait au moment même où la route devenait intéressante, c'est-à-dire à l'approche des montagnes. On aperçoit

bientôt l'immense avenue bordée de cryptomerias
qui mène à Nikko, l'ancienne route impériale, le
Tokaïdo, si bien décrite par Loti. Malgré l'originalité
de ma chambre, j'ai hâte d'en sortir. Il me tarde de
voir les tombeaux si vantés, les temples de Nikko la
Sainte. Nous descendons la grimpette de notre hôtel ;
et, laissant à gauche le *Pont Rouge*, où seuls les Mi-

PORTE DU TEMPLE DE JYEYAS

kados morts ou vifs (morts plutôt que vifs) ont le
droit de passer, nous franchissons le torrent. La vue
à gauche est ravissante : montagnes dans le fond et
torrent qui dévale. Mais à droite, horreur ! l'énorme,
affiche « the Jutan » s'étale dans toute son abomina-
tion et semble vouloir fermer l'horizon. Passons
vite.

Devant nous s'ouvre une grande allée montante
bordée d'énormes cryptomerias ; elle fait un coude et

alors apparaît au milieu de la verdure une grande
porte, le *tori*, qui forme l'entrée du temple. Un large
escalier, avec lanternes en pierre, conduit à une première terrasse, véritable assise de l'édifice; à gauche,
sous une élégante toiture, est une grande vasque
remplie d'eau, sorte de baptistère; à droite, une
pagode à multiples étages, et vous faisant face une
délicieuse porte, véritable bijou d'architecture. On
franchit le portique, on monte un nouvel escalier, et
on accède à une
seconde terrasse
où s'élève alors le
temple sculpté,
doré, laqué, avec
des décorations
folles et des tons
violents qui fe-
raient crier, s'ils
ne se mariaient dé-
licieusement.

Cette fois, il faut
s'incliner. Le dé-
cor, arrivé à ce
point, devient de
l'art ! c'est beau !
L'intérieur est

ESCALIER MENANT AU TOMBEAU

également très riche : partout des laques, des dorures,
des bronzes damasquinés. Mais, l'avouerai-je, malgré
la grandeur de l'édifice, j'ai l'impression d'un ravis-

sant bibelot. Ce n'est qu'en sortant du temple que l'émotion me saisit réellement. Devant moi des escaliers et encore des escaliers se développent, ils fuient sous les grands bois, formant une perspective d'une mystérieuse profondeur. Un dernier détour, et j'arrive au tombeau. Autant le temple est riche et chargé de décorations, autant la tombe est simple : une colonne de bronze entourée d'une balustrade en pierre. Seule la porte qui y donne accès est rehaussée de quelques rinceaux d'or : c'est sobre et exquis. Sous l'ombre des grands arbres, à l'extrémité de ces escaliers qui semblent sans fin, ce lieu du dernier repos est plein de recueillement et de poésie pénétrante. Décidément, ces Japonais sont des artistes et, lorsque, comme ici, ils marient la nature et l'architecture avec une telle sûreté de goût, ils sont merveilleux et deviennent des maîtres.

Je ne vous décrirai pas les quatre ou cinq autres temples également beaux, qui ne diffèrent que par certains détails; le caractère restant le même, je ne pourrais que me répéter.

Nous restons à Nikko deux jours bien remplis par la visite de temples et les excursions dans les environs immédiats. Le jeudi matin, nous nous lançons dans la montagne par un soleil radieux. Notre projet est d'aller déjeuner au lac Chujenji et de remonter jusqu'au lac de Yamoto où nous passerons la nuit. Nous voilà donc partis en richis, tirés et poussés par trois hommes. Ils seront à peine suffisants, car, bien

que nous soyons déjà à 800 mètres, nous en avons
encore à monter 12 à 1.500, et, parfois, par des passages difficiles. Presque tout le temps, la route suit
le torrent qui descend de cascades en cascades. Il y
en a une qui a la spécialité des suicides : 108 personnes s'y sont jetées l'année dernière; cette année
il n'y en a eu que 15, mais l'année ne fait que commencer ! Ce n'est pas, à mon avis, la plus belle, quoiqu'elle se jette bien dans le vide d'une hauteur de
50 mètres. Pour moi, la plus remarquable est la
grande glissade de Yataki, où le torrent, sur un plan
incliné presque verticalement, se précipite de 70 à
80 mètres. C'est à donner le vertige. La route traverse presque tout le temps des forêts superbes qui
restent inexploitées, par suite de la difficulté des
transports. Des bois magnifiques meurent sur place;
mon âme de forestier en est navrée. A mi-chemin, à
Lakeside hôtel, nous déjeunons en face du lac, le
temps de laisser reposer nos djins, et nous repartons.

Lac Chujenji

La route suit d'abord le lac, puis s'enfonce dans des
gorges profondes. C'est pittoresque et riant à la fois,
car si les cimes qui nous entourent sont couvertes de
neige, les bois sont semés d'azalées roses, qui donnent
une note charmante et gaie. Le jour tombe lorsque
nous arrivons au lac de Yamoto. Le soleil va se coucher; frappant obliquement la forêt, il illumine ses

Lac de Yamoto

dessous de bois, pendant qu'il projette dans les eaux
la grande ombre des montagnes. L'heure est exquise.
Yamoto a des sources d'eau sulfureuse, c'est le Ba-

règes de l'endroit. Malgré la mauvaise odeur, je prends
deux bains de 38 à 40° que je trouve délicieux. Puis-
sent-ils faire du bien à mes rhumatismes ! Le lendemain, nous refaisons cette belle route en sens inverse
pour revenir à Nikko. Mais il faut penser au départ.
Adieu Nikko, je ne verrai plus tes grands arbres, tes

DJIN-RICHI-CHA

belles montagnes, tes temples majestueux... Mais
quel souvenir j'en rapporte ! Bientôt, même, c'est au
Japon qu'il me faudra dire adieu... Quels regrets !
Et cependant, mes enfants, je me rapproche de vous,
je songe à la joie du retour. Malgré cela, j'ai le
cœur gros ! C'est que jamais pays, même Java, ne
m'a laissé pareille impression.

Nous faisons une partie du trajet en richis, en sui-

GROUPE DE JEUNES FILLES JAPONAISES

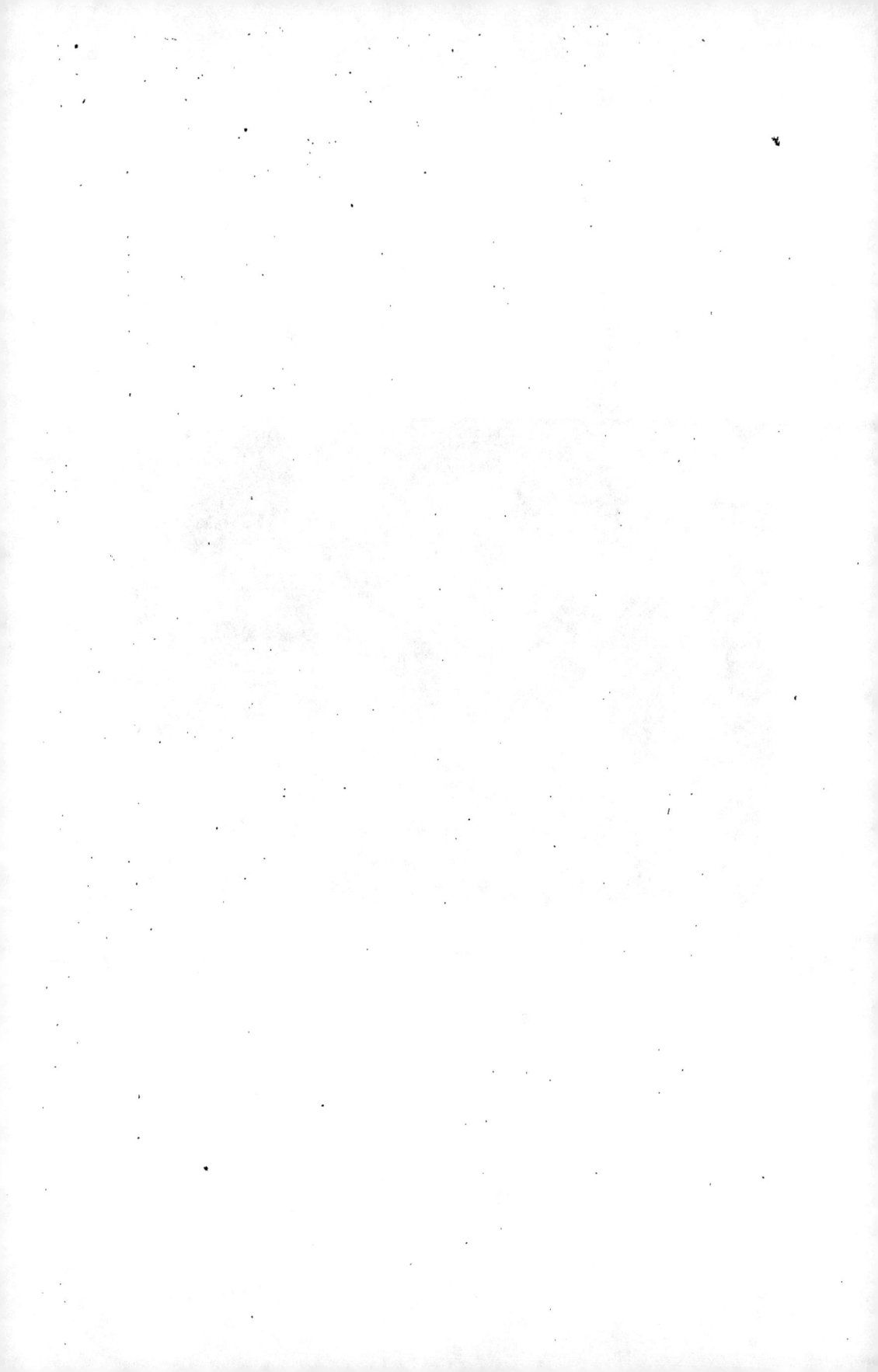

vant la route du Tokaïdo, la voie légendaire; puis nous reprenons le train, et, en sept heures, nous sommes à Yokohama.

Le temps change, voici la pluie. Le lendemain, une éclaircie nous permet d'aller à Kamakoura : nous avons le temps de voir le grand Bouddha en bronze. Mais bientôt l'ondée recommence et nous oblige à rentrer. On dit que Yokohama est dans une jolie situation, que la baie est grande et belle, et le pays pittoresquement accidenté. Je le crois sur parole, car un rideau de pluie me cache l'horizon depuis deux jours. A l'arrivée, comme au départ, nous aurons eu mauvais temps au Japon, mais que de belles journées et combien nous avons joui de ce délicieux pays ! Notre bateau est arrivé; nous partons demain pour l'Amérique. Je doute y trouver d'aussi agréables impressions. D'abord, je ferai le voyage dans de mauvaises conditions. J'ai, pour la première fois, un compagnon de cabine; ce navire est bondé, 250 à 300 passagers de première classe, et, malgré sa grandeur exceptionnelle (37.000 tonnes), la *Mandchuria* n'a plus une cabine libre. Mlle J... et le général, voulant être seuls, ont dû payer double passage; je n'ai pu me résigner à dépenser 1.000 francs de supplément; je subirai donc mon compagnon. Puisse-t-il ne pas être trop désagréable !

Yokohama

Sur le Mandchuria. — Grand diable de bateau du Pacific Mail où l'on est serré comme des harengs, mal

Sur le Pacifique

nourri et secoué par une trépidation intermittente
que je trouve souverainement insupportable. Mon
compagnon de cabine n'est pourtant pas trop désagréable; il est propre, ne ronfle que modérément, se
couche de très bonne heure et se lève très tôt, de
sorte que nous ne nous gênons ni pour le lever ni
pour le coucher. Il ne sait pas un mot de français;
moi, pas un mot d'anglais (malgré Berlitz); nous ne
nous disputons jamais! J'ai eu un moment d'illusion
au départ de Yokohama; le compagnon de cabine
n'arrive pas, on lève l'ancre, je suis seul! Je m'ins-
talle à l'aise, casant au large toutes mes affaires; et,
triomphant, je descends dîner. Je raconte ma bonne
aubaine, L... commence à regretter ses mille francs;
charitablement, je n'insiste pas. Vers 10 heures, je
rentre chez moi, j'ouvre la porte, j'aperçois quelqu'un
qui se déshabille. Craignant une erreur, je me retire
en m'excusant. Pourtant, c'est bien mon numéro, le
37, j'en suis certain; c'est le voyageur qui a dû se
tromper; je rentre et la chose s'explique. Le commissaire, me voyant seul, avait déchargé une cabine
trop remplie, et j'avais le compagnon redouté! Je
me couche donc et... je dors mal. Pour comble de
malheur, voilà mes rhumatismes qui se réveillent!
J'avais commis la sottise de prendre des bains de
mer : c'était une imprudence sans nom et je la paye
cruellement. J'ai cessé les bains; un charitable compagnon m'a donné une poudre antirhumatismale et
à cette heure je me sens déjà mieux. Qu'en voilà long

sur mes misères ! Mais, que dire pendant une traversée du Pacifique ? Avez-vous regardé sur la carte ? Il
a une certaine largeur, ledit Pacifique et cependant,
sans mes misères, je ne trouverais pas le temps trop
long, ayant beaucoup à lire et sur le Japon que je
viens de quitter, et sur l'Amérique que je vais voir.
L'Amérique, pour le moment, ne me dit pas grand-
chose ; il est possible que je revienne sur cette impression. Je me rappelle combien j'étais prévenu contre
le Japon que je croyais joli, mais sans caractère, alors
que je l'ai trouvé tout bonnement merveilleux. Certes,
il est des contrées plus grandioses ; certaines parties
des Alpes, quelques paysages de Grèce, l'Himalaya,
Garoët, la baie d'Along, sont plus pittoresques,
mais je ne connais pas de pays au monde offrant une
réunion de semblables beautés. Tantôt c'est la nature dans ce qu'elle a de plus riant, de plus gracieux ;
comme les rives de la mer intérieure avec ses baies
aux courbes si élégantes, et ses îles couvertes de verdure ; c'est le lac Biva, la campagne de Kioto ; et
tantôt, comme à Hakone, ce sont les hautes altitudes
et les immenses horizons. Tantôt, enfin, c'est la montagne pittoresquement découpée, avec ses ravins, ses
lacs, ses forêts, ses cascades, comme à Nikko. C'est
joli, toujours joli, soit ; les paysages les plus pittoresques conservent toujours un caractère gracieux,
je le veux bien ; mais je laisse à d'autres le soin de le
regretter, pour moi, j'en suis charmé !

Quant au Japonais, qui donc m'en avait parlé

comme d'un être vaniteux, susceptible à l'excès, cassant et maussade dans ses rapports avec l'étranger? Je n'ai trouvé qu'un homme poli, prévenant, obséquieux même, aimable et gai, alerte et vif et toujours prêt à rire. Amoureux des arts et de la belle nature, le Japonais est réservé, distingué même dans ses manières, et cela du haut en bas de l'échelle sociale; si bien que les ouvriers, les paysans sont certainement moins frustes et de manières plus policées que ceux de nos pays. Ajoutez qu'il est ardent au plaisir, et que, comme dans les racines grecques, il est « Agathos, bon, brave à la guerre »? Franchement, vous reconnaissez en lui quelqu'un de vos semblables, avec qui vous aimez à frayer. Aussi, tout en étant à peu près aux Antipodes, vous ne vous sentez pas dépaysé.

Que ce peuple soit sans défaut, ce serait invraisemblable. Il est, dit-on, de mauvaise foi, indélicat, non seulement en affaires, — ce qui s'expliquerait à la rigueur par la condition des marchands qui, dans l'échelle sociale, sont au dernier rang, au-dessous du paysan, du cultivateur — mais aussi dans ses rapports sociaux, de même qu'en politique. La défiance est passée dans les mœurs, la police s'insinuant partout, jusque dans les familles. La condition de la femme est ravalée. Même dans les unions régulières, elle ne commence à jouer un rôle qu'à la naissance d'un fils; elle reste toujours d'ailleurs sous la dépendance absolue du chef de famille. Travailleur médiocre, le Japonais craint sa peine; et, s'il est d'une patience extrême, il redoute l'effort. D'esprit sagace, imitateur merveilleux, il n'a pas encore fait ses preuves comme génie inventif.

Le Japonais n'est pas un peuple neuf qui naît à la civilisation; c'est un très vieux civilisé qui conserve son caractère et ne prend aux Européens que leurs procédés scientifiques qu'il entend adapter à ses mœurs et dans lesquels il espère puiser une force nouvelle. Il s'appropriera nos chemins de fer, nos télégraphes, nos instruments de paix et de guerre; il adoptera nos costumes et, jusqu'à un certain point, nos manières; mais il n'entend pas renoncer à ses traditions. Il n'est même pas de formes gouvernementales prises chez nous et implantées chez lui, qui ne deviennent japonaises. Nominalement, on organise un gouvernement représentatif, des chambres, un ministère, etc...; le système gouvernemental n'en reste pas moins féodal. On serait bien en peine de déterminer, d'une façon exacte, le rôle du Mikado qui forme pourtant la clef de voûte de l'édifice. Il est à la fois souverain et Fils du Ciel; il représente l'autorité dans toute sa plénitude, et pourtant la féodalité est encore maîtresse; malgré la révolution de 1868 qui a renversé le Shogunat, c'est encore une oligarchie de grands seigneurs qui gouverne. Reste à savoir si la pénétration des idées nouvelles, la presse, les rapports avec l'étranger, l'affaiblissement inévitable de l'ancien prestige, ne modifieront pas les idées; si le développement de la richesse, l'élévation de nouvelles fortunes, n'introduiront pas de nouveaux éléments avec lesquels il faudra compter. C'est ce que l'avenir seul pourra dire.

Au premier moment, cette introduction brusque de nos usages dans ce pays de vieille civilisation, a pu surprendre; l'inexpérience, la gaucherie de ces nouveaux initiés a prêté à sourire, on a même pu mettre en doute la profondeur de cette révolution, sa pénétration dans la masse, et par suite, son caractère définitif. Aujourd'hui, l'illusion n'est plus possible. Le Japon a pris à l'Europe sa culture scientifique; il se l'est appropriée, si bien qu'aujourd'hui il n'a plus besoin d'instituteurs, il est prêt à en fournir à ses voisins. L'industrie s'est implantée avec sa machinerie, son outillage perfectionné; le commerce s'est initié aux errements nouveaux, et ces transformations sont entrées dans les mœurs au point qu'une contre révolution paraît impossible. On peut se demander si le changement radical dans les conditions de la vie, sera nuisible ou profitable au peuple japonais, si ce développement des besoins augmentera la somme des jouissances, si à l'accroissement des dépenses répondra une augmentation correspondante de la richesse publique? En résumé, sera-t-il plus heureux? C'est une question à laquelle je n'entreprendrai pas de répondre. Pour le moment, la richesse a augmenté et les salaires se sont considérablement accrus, mais les denrées de première nécessité ont atteint des prix beaucoup plus élevés que par le

passé; les impôts qu'on a dû établir (la civilisation
occidentale n'est pas économique), sont devenus
une lourde charge, et, comme conséquence, la vie est
beaucoup plus chère qu'autrefois. Il y a là une in-
connue difficile à résoudre; mais ce qu'il y a de certain, c'est qu'un retour en arrière est impossible
et que le vieux Japon s'est adapté définitivement à
notre civilisation. Ses forces réelles sont indiscutables;
il entre de plein pied dans le concert des grandes
nations.

Mais alors, c'est le péril jaune qui menace? Je ne
le crois pas. Tout d'abord, au point de vue économique, il n'est pas aussi redoutable qu'on s'est plu à
le dire. Si la force de production augmente, la capa-
cité de consommation s'accroît aussi; de nouveaux
besoins se créent et cette masse de population offre
un champ d'expansion presque illimité. Le commerce,
d'ailleurs, n'est pas seulement l'argent des autres,
c'est un échange de produits, c'est la richesse qui
circule et la richesse de l'un fait celle de l'autre.
D'autre part, le taux des salaires, qui est un des
éléments essentiels de la production, et dont le bas
prix effrayait, tend tous les jours à s'élever, de sorte
que, combiné avec d'autres éléments qu'il serait trop
long d'énumérer, il ne tardera pas à porter le prix
de revient à un chiffre qui cessera d'inquiéter.

Quant au danger militaire, je ne pense pas que
nous ayons à le redouter davantage. Certes, l'Extrême-Orient cesse d'être une quantité négligeable, il

vient de le prouver; mais il ne faut pas en exagérer l'importance. D'abord, l'union des races jaunes n'est pas près de se faire; Japonais et Chinois sont loin d'être frères et, si par hasard, ils l'étaient, ce sont deux frères ennemis. Un instant, après la guerre russo-japonaise, le prestige du Japon était tel que la Chine a essayé de se mettre à son école, lui demandant des officiers, des ingénieurs, des instructeurs de diverses sortes; mais cet engouement n'a pas duré et la Chine élimine à présent tous ces éléments hâtivement introduits; la vieille jalousie se réveille et l'antipathie nationale se traduit tous les jours par des actes de violence qu'on a peine à réprimer. L'entente des deux grandes nations jaunes est donc plus éloignée que jamais.

Je vous ai dit ce que je pensais de la faculté de renouvellement du vieil empire chinois; si je le crois en état de créer une force capable de résister à la moindre escadre, au premier corps de débarquement qu'il plaira à une nation européenne de jeter sur ses côtes; si, dorénavant, se mettant en mesure d'imposer un effort hors de proportion avec l'intérêt engagé, il cesse d'être à la discrétion d'un simple incident diplomatique, je ne crois pas qu'il puisse, d'ici à de nombreuses annécs, organiser des forces assez imposantes pour inquiéter l'Europe.

Le Japon, lui, a une armée qui vient de faire ses preuves d'énergie et d'endurance dans de grandes guerres heureuses; nous avons pu juger par nous-

mêmes de ses qualités à Hiroshima et à Nagoya;
la flotte également est bien équipée et redoutable.
Mais, il ne faudrait pas exagérer la puissance de ces
forces et croire que, devant ce réveil de la race jaune,
l'Européen n'a plus qu'à s'effacer dans l'Extrême-
Orient et à plier bagages, en attendant qu'il ait à
trembler pour lui-même, dans son propre pays. Au
dire de gens compétents, le Japon ne paraît pas capable de lutter victorieusement contre les grandes
puissances maritimes qui ont des intérêts en Asie.
Dans la guerre que l'on a un instant considérée
comme possible avec les Etats-Unis, l'éventualité
d'une lutte inégale a donné à réfléchir et la paix n'a
pas été troublée. Quant à notre Indo-Chine, elle n'a
pas, d'ici à longtemps, à redouter la convoitise du
Japon.

Les Japonais d'abord ne s'acclimatent pas
dans les pays tropicaux; ils ne trouveraient donc
pas, dans notre colonie, le terrain d'épandage où
pourrait se déverser le trop plein de la population.
Ce n'est pas d'ailleurs de ce côté que se portent
leurs convoitises ; la Mandchourie et le Nord de
la Chine, sont les contrées proches qui les tentent;
les Chinois le savent bien, et c'est pourquoi leur
défiance s'est éveillée. D'ailleurs, en admettant
même que les Japonais débarquent en Indo-Chine
(et nous ne pourrions pas nous y opposer), que
deviendrait ce corps expéditionnaire, loin de toute
base de ravitaillement, à l'arrivée de nos flottes aux-

quelles, à l'heure actuelle, les forces japonaises ne
sont pas en état de résister?

Bien entendu, je ne suis que l'écho de gens compétents et bien renseignés, mais cette opinion m'a
paru plausible.

19 *Mai.* — 180ᵉ *degré de longitude.*

Nous allons doubler un jour! Un jour de plus à
vivre! Un jour de plus de navigation dans cet immense désert d'eau. En effet, depuis notre départ,
nous avons presque toujours été plus à l'Est; il fallait
continuellement avancer nos montres, si bien qu'aujourd'hui nous avons fait le tour du cadran, et pour
nous trouver d'accord avec le calendrier, il nous faudra décompter vingt-quatre heures.

Je vous ai parlé d'un désert d'eau : en effet, depuis
le début de la navigation, c'est-à-dire six jours,
nous n'avons pas aperçu la fumée d'un vapeur,
ni la plus petite voile à l'horizon; rien que le ciel
et l'eau, et un ciel bas, voilé de nuages, presque
tout le temps de la brume ou de la pluie. Ce matin,
une éclaircie semble vouloir se faire; il est temps,
car le spleen menace de nous envahir. On essaie en
vain de galvaniser notre immense carcasse flottante;
on organise des bals, des jeux athlétiques, car nous
sommes en pays yankee, et le sport règne en maître.
Malgré cela, l'aspect des visages est morne, l'agitation de nos misses américaines elles-mêmes, semble

s'éteindre... et si le flirtage ne perd pas ses droits, il ne se fait plus avec le même brio.

24 *mai* 1908. — Nous venons de faire escale à Honolulu, île charmante du Pacifique, où nous avons retrouvé la végétation tropicale dans toute sa magnificence. Le ciel s'est un peu découvert; et malgré quelques ondées, le soleil brille assez pour nous per-

Iles Sandwich Honolulu

ASPECT DE MONTAGNE A HONOLULU (INTÉRIEUR DE L'ILE)

mettre de jouir du beau panorama de l'île. La ville adossée à la montagne et s'étendant le long de la mer, m'a rappelé un peu Madère, mais en plus grand et en plus beau. Madère n'a pas surtout cette végétation tropicale de palmiers, de flamboyants, de lianes, de bambous, et surtout cet épanouissement de fleurs de toutes espèces, tant de nos climats que des tropiques, et qui, grâce à une température exceptionnelle, poussent comme par enchantement. La saison d'ailleurs est favorable, c'est le printemps. Aussi est-ce une véritable orgie de fleurs partout, non seulement dans les jardins, dans les appartements, mais sur les personnes. On enfile ces fleurs, on en fait des colliers, d'immenses chapelets dont hommes et femmes se décorent. Le soir, en rentrant au bateau, il n'était pas un passager qui ne fut enguirlandé. Cette île qui était, il y a cinquante ans, un repaire d'anthropophages, est aujourd'hui toute américaine. Ce ne sont partout que villas, hôtels, maisons de plaisance; on ne voit que costumes européens, on n'entend plus parler qu'anglais. Que sont devenus les Havaïens? Il doit en rester encore quelques-uns; l'alcool et les maladies n'ont pas dû les exterminer tous; mais noyés parmi les Américains et les Japonais, ils se font de plus en plus rares, et deviennent de moins en moins nombreux.

Le temps marche, chaque jour nous rapproche de l'Amérique, où nous arriverons probablement le 30; nous verrons tous la côte avec plaisir, car cette traversée de dix neuf jours est longue et monotone.

Que faire pendant une si longue traversée ! Résumer ses impressions ! Je voudrais essayer de me faire une idée de l'art au Japon, et j'ai une peine extrême. Que le Japonais soit un rare artiste, cela ne fait pas de doute; il a le sentiment de la nature; il l'aime et l'apprécie plus que personne au monde. Il a un goût très sûr qui le dirige et le contient même dans ses œuvres d'imagination les plus hardies. Il

comprend l'harmonie des lignes et des tons, il a
même une acuité extrême dans la perception de
cet ordre de sensations, et son œil est impressionné
par des nuances d'une grande délicatesse. Ce besoin
artistique se révèle chez lui en toute occasion, même
dans les plus petits détails de la vie; les objets les
plus usuels ont une forme élégante; et cela, non
seulement dans les classes élevées, mais dans la
nation tout entière.

Quelles sont les œuvres de cet artiste? En peinture, j'entends vanter un Matanobou, un Tanuy,
un Korin, un Hokousaï à l'égal de nos plus grands
maîtres occidentaux, fussent-ils Raphaël, Rembrandt
ou Delacroix. Encore un peu, on nous les présen-
terait comme des modèles destinés à renouveler notre
art épuisé! Cette fois, je ne comprends plus. Sans
m'ériger en critique d'art, je me permets d'analyser
mes impressions, et, en vérité, malgré tous mes
efforts, je ne puis tomber en pâmoison devant les
œuvres de ces maîtres tant vantés, et *traiter de « Mi-
chel-Ange » un ciseleur de tortues*. Ni dans les musées
de Kioto, de Nara ou de Tokio, ni dans les palais
impériaux, ni dans les temples, je n'ai eu l'impression
que je me trouvais devant des œuvres de génie. J'y
ai vu des œuvres d'habiles ornemanistes, de dessi-
nateurs exacts, minutieux de natures mortes, d'oiseaux, d'insectes; j'ai regardé avec plaisir des peintures spirituelles de la vie courante, de délicates
aquarelles, plutôt estampes que tableaux...; mais

15

le grand art, je l'ai cherché en vain. Certaines images
de Bouddha ont de la grandeur; le calme, l'impassi-
bilité, la concentration de la pensée sont rendus
avec noblesse; mais ces peintures sont en trop petit

LES TROIS TRÉSORS — IMAGE DE LA TRINITÉ BOUDDHIQUE

nombre et reproduisent trop servilement le même
type pour que je puisse y trouver la preuve d'une
grande puissance créatrice.

Passons-nous à la sculpture? Je retrouve le même
caractère: Des Bouddhas en bois, en bronze ou en

pierre, parfois d'une véritable grandeur, avec des difficultés de fonte victorieusement vaincues, mais, à côté, des statues contorsionnées, grimaçantes qui choquent souverainement. Dans des proportions plus réduites, on trouve des œuvres charmantes, des motifs d'ornementation d'une délicatesse vraiment surprenante, surtout lorsqu'il s'agit de reproduire la nature morte ou des êtres et des animaux fantastiques. Mais dès que les proportions s'agrandissent, il est bien rare que l'œuvre reste intéressante, qu'il s'agisse de lions, tigres, chevaux ou autres animaux de grande taille. Quant

DIEU DE LA PRIÈRE, GARDIEN DES TEMPLES

à la reproduction humaine, quant au nu, il est rarement abordé, et les quelques échantillons que j'ai vus m'ont convaincu de l'inexpérience, de l'impuissance même de l'artiste. De même dans les petits arts, la sculpture sur bois, sur métaux, sur ivoire, les artistes se montrent ornemanistés

incomparables. Damasquineurs de premier ordre,
les armures et les bronzes d'ornement sont traités
avec une habileté extrême, les incrustations les plus

LANTERNE EN BRONZE

riches restent toujours d'un goût parfait et leurs
petits bronzes, leurs vases ornés de dragons et de
chimères, font à juste titre la joie de l'artiste et du
collectionneur.

Le bronze qu'ils emploient est d'ailleurs d'une
qualité supérieure et acquiert souvent avec le temps
une patine remarquable.

Les Japonais savent aussi sculpter l'ivoire avec
une très grande habileté; mais, s'ils excellent dans

IVOIRES JAPONAIS

les reproductions de la vie ordinaire, dans le genre,
dans la caricature, lorsqu'ils se sont attaqués à la
reproduction de la beauté plastique et à des sujets
d'un ordre plus élevé, ils n'ont jamais éveillé mon
admiration que par leur adresse de main.

Dans l'art céramique, ils se montrent encore d'ha-

biles ornemanistes; ils n'ont pas une matière première de qualité supérieure, et la pâte qu'ils emploient ne leur permet pas de faire des œuvres aussi

MEUBLE VIEILLE LAQUE JAPONAISE

délicates que leurs voisins, les Chinois, qui, en cette
matière, comme en bien d'autres, ont été leurs premiers éducateurs; ils se rattrapent sur la finesse
et le bon goût du décor. Cette finesse devient même

exagérée aujourd'hui et leurs satzumas, presque toujours de petite taille, sont décorés de peintures de plus en plus microscopiques.

Quant aux cloisonnés, ils s'éloignent de jour en jour davantage du type chinois originel, pour se rapprocher de la peinture. Je crains que dans cette voie cet art ne perde son véritable caractère. Mais là où ils se montrent des maîtres, c'est dans leur façon de traiter la laque; sur ce terrain, ils n'ont pas de rivaux. Beauté de la matière, richesse d'ornementation, tout est supérieur. Mais là encore mon admiration a des bornes, et je ne puis consentir à payer des prix fous une petite boîte de quelques centimètres carrés, quel que soit le mérite avec lequel elle est traitée. Certes, l'œuvre d'art ne se juge pas au poids ou à la dimension, mais pour exciter mon enthousiasme, encore faut-il que le sujet vaille par lui-même et que l'émotion artistique qu'il provoque soit d'un ordre suffisamment élevé.

Que dirai-je de l'architecture, d'un art qui comprend tous les autres et les met en valeur? Tout d'abord, éliminons ce qui n'est pas architecture religieuse. Hormis quelques palais impériaux ou princiers, l'édifice public n'existe pas et la demeure du Japonais, sans caractère architectural, est plutôt une case qu'une maison. Les châteaux princiers ou ceux des anciens Daïmios sont des forteresses qui n'ont de remarquable que leurs dimensions cyclopéennes; ce sont d'énormes amas de pierres, pas même reliées par

du ciment; ils n'ont rien à voir avec l'art. Les palais
eux-mêmes, tout entiers construits en bois, où la
pierre entre à peine dans les fondations, ne se distinguent par aucun caractère monumental; c'est une
réunion de constructions à un seul étage, à toits
doubles recourbés aux angles, dont les plans, il est
vrai, sont généralement bien disposés. La véritable
beauté réside dans la décoration intérieure. Reliées
par des couloirs ou des passerelles, ces maisons ne sont
qu'une suite de chambres, séparées par des cloisons en
papier, et communiquant entre elles par des panneaux
à glissières ou par le couloir de pourtour. Des frises
de fleurs et d'animaux réels ou fantastiques sont
finement sculptées, peintes, laquées ou dorées avec
goût; les panneaux sont recouverts de peintures,
fleurs ou paysages, où la perspective fait défaut la
plupart du temps, mais où l'imitation de l'objet re-
produit est merveilleuse d'exactitude. On y voit des
dragons, des bêtes féroces, des tigres, dont les yeux
en boules de lotos et la mine effarouchée sont plus
plaisants que terribles, des portes de laque d'une
finesse extrême avec des bronzes damasquinés d'un
goût délicat; des plafonds enfin, souvent à caissons
sculptés et décorés avec une grande richesse... Mais
de meubles, point... Tout au plus existe-t-il, à côté
du panneau où s'accroche le kakemono, une étagère
à mi-hauteur du plafond, où peuvent se déposer les
petits bronzes, ivoires et autres menus objets chers
aux Japonais. De cette réunion de constructions,

quelle impression se dégage-t-il? Absence complète
de grand art, mais entente remarquable de la décoration; de gracieux détails, mais aucun ensemble
capable de frapper l'imagination.

Reste le temple. Chez ce peuple que l'on dit si
indifférent en matière religieuse, les temples abondent,
dans les villes comme dans les campagnes. Au détour

AUTEL BOUDDHISTE PORTATIF

d'un chemin, au coin d'un bois, au flanc d'une colline, mais toujours dans un cadre pittoresque, vous
voyez apparaître son toit, ses lanternes, entourés de
grands et beaux arbres. C'est que là, plus que partout
ailleurs, nous retrouvons le caractère de l'architecture
japonaise, l'alliance intime de l'art avec la nature.
Je me rappelle le temple shintoïste d'Hakone : une
longue avenue dallée, bordée de cryptomerias, un

grand tori — ce portique si caractéristique du Japon, deux montants verticaux légèrement inclinés l'un vers l'autre, et reliés entre eux par une première poutre droite, jouant librement dans les mortaises, puis, comme couronnement, une deuxième poutre légèrement cintrée et se relevant en cornes aux deux extrémités — et après le tori, des escaliers montant à travers les grands arbres. Un premier palier, vous vous croyez arrivé... Ce n'est qu'un détour, et vous voyez encore devant vous, se déroulant sous la voûte des arbres gigantesques, des escaliers et encore des escaliers, coupés par des paliers disposés de telle sorte qu'ils semblent monter indéfiniment. Enfin, on arrive à la plate-forme supérieure où est le temple. Mais au lieu du grand édifice que laissait supposer cette entrée monumentale, vous apercevez un petit bâtiment en bois, d'aspect très simple, sans aucune grandeur. Il est adossé à la montagne; et, tout autour de lui, s'étendent de grands bois dont la sombre ramure alterne avec les teintes roses des cerisiers en fleurs; et ce cadre, grand et délicieux à la fois, est d'une poésie intense !

J'ai insisté sur ce temple d'Hakone, parce qu'il est symptomatique de l'art religieux japonais. Je crois avoir déjà défini les temples du Japon : des portes, des escaliers, des lanternes, dans un cadre de verdure. Il y a du vrai dans cette boutade, si l'on considère la majorité des temples; mais la définition cesse d'être exacte quand il s'agit des grands temples comme ceux de Nara, de Kioto et surtout de Nikko. Là, les temples valent par eux-mêmes. Ce sont des œuvres d'un art incontestable, art qui ne répond pas à nos idées européennes, à notre éducation grecque et latine, mais qui n'en est pas moins remarquable. Aucune symétrie dans l'ordonnance des édifices, mais une pondération, une harmonie dans ce désordre apparent qui satisfait absolument les yeux. Quand, se détachant de l'ensemble, on se reporte aux détails, l'enchantement devient plus grand encore; car cette décoration folle supporte l'analyse la plus minutieuse; sculptures, ciselures, damasquinures, laques, tout est traité, fini, achevé, de façon à ne pas laisser prise à la moindre critique. Certes, ces joailleries monumentales ne pourraient produire l'impression profonde que suscite en nous la vue de nos grands monuments d'architecture; mais le milieu où elles sont placées, la disposition du cadre qui les entoure, complètent si bien l'impression, que vous éprouvez une émotion analogue à celle que vous ressentez devant les belles œuvres du génie humain. Quel que soit le moyen par lequel on arrive à vous émouvoir, peu importe; si vous êtes ému, vous êtes désarmé. La critique n'a plus qu'à se taire, il faut admirer.

De ces diverses observations, que conclure? Je crois pouvoir répéter ce que j'ai dit au début, les Japonais sont des artistes d'une habileté merveilleuse, mais dont les productions sont d'un ordre que,

dans nombre de cas, je considère comme inférieur.
Dans l'architecture religieuse cependant, ils ont
atteint au grand art; mais là encore, la nature est-
elle de moitié dans leur maîtrise.

Encore une fois, c'est avec une hésitation extrême
que j'écris ces lignes, car je me sens en contradiction
avec des critiques d'art d'une incontestable valeur,
dont l'opinion était bien faite pour m'impressionner.
Mais, quelque pauvre clerc que je sois en la matière,
je ne puis m'empêcher de subir une impression, de
me faire une opinion... Prenez-les pour ce qu'elles
valent...

Ouf! J'ai fini!

En Amérique San Francisco

Voilà 19 jours que nous sommes en mer; à peine
une courte escale à Honolulu, le reste du temps nous
n'avons vu que le ciel et l'eau. Terre! crie-t-on. On
monte sur le pont, les lorgnettes sont mises en mouvement; une raie semble barrer l'horizon. Est-ce la
terre, est-ce un nuage? Chacun de discourir... Enfin
le doute n'est plus possible, la montagne se dessine
nettement. Les oiseaux d'ailleurs se montrent nombreux, et l'Océan lui-même s'anime : des voiles se détachent, des fumées de vapeurs se profilent dans le ciel,
le bateau pilote accoste. Les premières montagnes
étaient apparues au Nord, d'autres surgissent au Sud,
mais entre elles reste une lacune... C'est la *Porte d'Or*,
l'entrée de la baie de San Francisco. La mer qui était
assez forte se calme et la *Mandchuria*, majestueuse,

pénètre dans le goulet. La baie est immense, toutes les flottes du monde pourraient y évoluer. A gauche, au Nord, se dressent les monts que nous avions tout d'abord aperçus; à leurs flancs on distingue des batteries, de nombreux canons braqués... Ne forcera pas qui veut la passe de la Porte d'Or ! En face, un îlot avec des constructions à l'aspect de forteresse, c'est

FAIRMONT HÔTEL A SAN FRANCISCO

le pénitencier; derrière, la baie est si profonde qu'on n'en aperçoit pas la fin. Seuls, quelques promontoires se détachent; on entrevoit les villes de Tiburon, d'Oakland. Quant à San Francisco, il apparaît à gauche. Tout d'abord, au lieu de constructions, on ne voit que des arbres, une forêt, c'est le Golden Gate Park, mais bientôt les maisons surgissent, et, les dominant toutes, l'immense hôtel Fairmont. Cette première apparition du *sky scraper* ou gratte-

ciel me choque moins que je ne m'y attendais, la
masse en est assez imposante. Mais ce qui est triste,
lamentable, c'est le quartier qui l'entoure, on ne voit
que décombres et débris calcinés. Les traces de l'in-
cendie sont loin d'avoir disparu, des quartiers entiers
sont encore en ruines. Toutefois la nuit vient, et les
objets deviennent indistincts dans la brume du soir.

SAN FRANCISCO — ASPECT DE LA VILLE INCENDIÉE

De tous côtés, des feux s'allument, la ville s'illumine;
la rade elle-même se couvre de feux et des projecteurs
lancent de grands jets lumineux. Le spectacle est
beau ! Il est trop tard pour débarquer, nous couchons
à bord.

Le lendemain, le soleil se lève radieux; San Francisco et sa baie apparaissent baignés dans la lumière.
De grands croiseurs, des cuirassés passent à bâbord, c'est la flotte des Etats-Unis ! Après avoir

franchi le détroit de Magellan et remonté le Pacifique,
elle fait son entrée dans la rade, San Francisco se pa-
voise, on fera fête aux marins. Mais, nous-mêmes,
pourquoi ne débarquons-nous pas? Nous avions
compté sans la « santé » qui nous fait sa visite. Enfin,
nous descendons sur le *Wharf*; autre cérémonie, la
douane nous arrête, et ce n'est qu'après de nombreuses heures qu'il nous est possible de nous déga-
ger. Ah ! l'Amérique n'est pas facilement abordable !
On pourrait l'espérer plus accueillante ! Arrivés la
veille, ce n'est que le lendemain, vers deux heures,
que nous étions à l'hôtel.

C'était encore trop tôt pour moi, hélas ! Une cruelle
nouvelle m'attendait; la mort avait frappé dans ma
famille, j'étais atteint dans une de mes plus chères
affections. Quel triste dénouement d'un beau voyage !
Jusqu'alors tout avait réussi à souhait; j'avais été
trop heureux, cela ne pouvait durer. Le bonheur en
effet s'achète, mais que je le payais cher ! Toutefois,
il fallait prendre une résolution, ma présence auprès
des miens pouvait être utile, je décidai mon départ.
Avec quelle tristesse, je me séparai de mes chers compagnons de voyage. Je venais de passer avec eux de
longs mois et pas un nuage sérieux ne s'était élevé
entre nous : nous avions partagé la même fortune,
éprouvé les mêmes émotions, comprenant et sentant
à peu près de même; les impressions éprouvées ainsi
en commun n'en avaient été que plus vives et meilleures...

Que j'avais le cœur gros en les quittant! Les voyant aussi émus, ma tristesse n'en était que plus grande.

Que vous dirai-je maintenant de mon voyage? J'avais dû renoncer à mes premiers projets, plus de Yosemite, plus de Colorado, plus de Parc national; un voyage à tire d'ailes à travers l'immense continent américain et pour compagne une pensée cruelle qui m'obsédait. Cependant tâchons de résumer mes souvenirs; j'ai entrepris, mes chers enfants, de vous narrer mes impressions; achevons notre periple autour du monde; et, bien que ce ne soit plus dans les mêmes conditions, fermons la boucle et continuons notre récit.

Mes observations dorénavant seront superficielles, mes impressions bien fugitives. Dans mon rapide voyage je n'ai jamais eu la prétention d'apprécier d'une façon définitive les pays que j'ai traversés, les peuples que j'ai vus... Loin de là, certes! Mais aujourd'hui, la rapidité de ma traversée en Amérique sera telle que j'aurai à peine le temps d'entrevoir un paysage, la silhouette des gens; mon œil forcément percevra mal, et mon esprit fatigué jugera trop hâtivement. Ceci dit, je poursuis.

En quittant la gare de San Francisco, nous ne montons pas en chemin de fer, nous prenons un *ferry boat* qui nous transporte à une autre gare construite au milieu des eaux. Un train nous y attend, et ce n'est qu'après un parcours assez prolongé le long d'une

voie établie sur pilotis que nous atteignons la terre
ferme. Nous voilà enfin sur le Continent. Le paysage
est riant; la terre est fertile et la végétation vigoureuse; les vergers deviennent de plus en plus nombreux : arbres fruitiers, pêchers, abricotiers, pom-
miers surtout abondent, on sent que là est la vraie
richesse du pays. Du reste, dans les gares qu'on traverse, des trains entiers de wagons semblent affectés
à ces transports. Les vignes, que je m'attendais à voir
nombreuses, tendent plutôt à diminuer pour faire
place aux cultures fruitières. Toute la campagne
d'ailleurs est cultivée avec soin, on a établi de nombreux canaux d'irrigation; la question de l'eau est
capitale et d'elle, ici, plus encore que de la richesse
du sol, dépend le sort des récoltes.

Avant d'arriver à Sacramento, le train s'arrête,
un fleuve, presqu'un bras de mer, ferme la route.
Cette fois ce ne sont plus seulement les voyageurs,
mais les wagons eux-mêmes qui sont transportés en
bateau. Sur la rive opposée, la voie est établie au
niveau du bac; la locomotive reprend la tête, les
wagons s'accrochent, et en route !

Peu à peu l'aspect de la campagne devient plus
sévère; la voie ne cesse de monter, on ne tarde pas
à gagner les hautes altitudes. Déjà la neige apparaît
par places, mais le temps reste beau et le soleil se
couche radieux. Le lendemain, 31 mai, nous nous
réveillons sous la neige. L'aspect de la campagne est
désolé, plus d'arbres, aucune culture, quelques rares

pâturages. Je n'aperçois qu'un seul troupeau, quelques rares bœufs tremblant de froid. Toutefois si le paysage est sauvage, il ne manque pas d'une certaine grandeur : le chemin de fer s'engage dans des gorges profondes au milieu de hautes falaises qui le surplombent; il franchit des ravins sur des ponts de bois plus pittoresques que rassurants. Cette traversée de la Nevada présente de l'intérêt.

Le 1er juin, réveil dans l'Utah, plateau triste et désolé; pas d'eau, pas de gazon, quelques touffes d'alcali et d'armoise. La voie descend un peu, l'eau réapparaît, c'est le lac Salé. Tout d'abord on n'aperçoit qu'une nappe de boue dont les rives sont stériles; mais l'eau s'éclaircit et la voie établie sur pilotis s'élance au milieu d'un lac. Les rives plates ne tardent pas à disparaître; mais bientôt surgissent à l'Est quelques sommets et enfin sur la rive opposée, près de Lake Salt City, la ville des Mormons, apparaît Ogden, point de jonction de diverses voies ferrées, qui semble devenir un centre commerçant et industriel.

La pluie qui menaçait depuis le matin commence à tomber, et c'est sous un ciel bas et triste que le train s'arrête. Ogden, dans ces conditions, ne se présente pas bien séduisante. Cependant, à partir de cette station, le paysage devient plus riant, il rappelle un peu l'Ouest de la France, des champs enclos, des arbres fruitiers, des mares, des ruisseaux, avec des peupliers et des aulnes. Cela n'a rien de grand, mais l'œil, fatigué du sauvage et du triste, se repose agréablement.

Toutefois ce spectacle n'est pas de longue durée, la végétation ne tarde pas à s'appauvrir de nouveau ; bientôt même elle cesse. Nous commençons à gravir les premières pentes des Rocheuses ; les arbres ont disparu, l'herbe elle-même se fait rare ; c'est l'aspect de la désolation qui recommence, et ainsi pendant des milles et des milles ! La terre est de mauvaise qualité, mais c'est l'eau surtout qui fait défaut, et comme elle ne paraît pas transportable à ces hauteurs, la stérilité semble fatale. Enfin quelques traces de végétation apparaissent ; à la pierre, à la terre nue succèdent des gazons, qui çà et là se font place au milieu des plantes désertiques ; le terrain même paraît avoir été lotissé, des clôtures en ronces artificielles délimitant des parcelles ; la propriété apparaît, mais combien pauvre encore et précaire ! Aucun bétail à cette époque de l'année ; il ne trouverait pas à se nourrir.

Mais le train file, il a dépassé l'Utah, il traverse le Wyoming ; des gazons cette fois garnissent à peu près le sol... Voilà des troupeaux : d'abord des moutons, des bœufs, puis des porcs et enfin des chevaux, ces derniers même relativement en nombre. Toutefois je ne vois pas ces immenses troupeaux que je m'attendais à rencontrer, mais des bandes de trente, quarante, cinquante bêtes au plus. Les grands troupeaux se trouvent plus au Nord, me dit-on.

A partir de Cheyenne, ville principale du Wyoming, la voie ne cesse pas de descendre, nous approchons de la Nebraska. Les terres sont moins arides,
quelques cultures apparaissent, mais la prairie domine toujours. Le chemin de fer traverse un certain
nombre de villes ou plutôt de villages; aucune clôture,
aucune barrière ne protège la voie, qui semble une

PRAIRIE DU FAR-WEST

rue des villes. Ces rues, tracées d'après un plan uni-
forme, sont rectilignes et se coupent à angle droit.
Largement ouvertes, elles paraissent s'étendre indéfiniment, comme si elles devaient devenir les artères
de cités immenses; les maisons se dressent rares le
long des voies, et semblent perdues dans ces grands
espaces. Demain peut-être elles seront le centre de
grandes agglomérations; on ne doute de rien dans

le Far-West : la plus petite bourgade, née d'hier,
a la prétention de devenir Saint-Paul ou Chicago.

Les cultures se font de plus en plus nombreuses,
le blé est levé, les orges apparaissent, et l'on termine
les labours pour le maïs. Ce qui me frappe, c'est l'é-
tendue des prairies artificielles, de la luzerne notamment; on s'inquiète évidemment de la nourriture
des animaux pendant l'hiver; on récolte des four-
rages. A Omaha nous arrivons enfin à une grande
ville; avec Concil-Bluffs, situé de l'autre côté du
fleuve, elle renferme plus de deux cent mille âmes.
C'est l'entrée véritable de Far-West, c'est là qu'on
vient s'approvisionner; aussi le commerce y est actif,
et l'industrie s'y développe.

En sortant d'Omaha, nous traversons le Missouri
pour entrer dans l'Iowa; puis à Savannah nous atteignons le Mississipi et l'Illinois commence. Ces derniers États sont des contrées de grande culture, mais
de culture épuisante, où le blé succède au maïs, et cela
indéfiniment, sans le moindre souci de l'appauvris-
sement du sol. Là, comme dans l'est, la terre ne tardera pas à se fatiguer de donner toujours sans jamais
rien recevoir; elle finira par ne plus vouloir porter
de récoltes... Mais l'Américain ne voit que l'heure
présente et ne s'inquiète pas du lendemain. Les
bonnes terres cependant ne paraissent pas illimitées.
Tous ces immenses espaces que nous venons de traverser sont pour la plupart impropres à la culture;
et, quand on aura épuisé la bonne terre, ce qui sera

moins long qu'on ne suppose, qu'adviendra-t-il?
Peu à peu les centres populeux se font plus nombreux, les maisons se rapprochent, on aperçoit de
grandes cheminées, des usines, c'est Chicago.

En partant ainsi précipitamment, en m'enga-
geant dans ce long voyage, j'avais compté sans
mes forces : la trépidation de cet interminable

CULTURE DU BLÉ DANS L'IOWA

trajet en chemin de fer qui, sans transition, succé-
dait à une longue traversée, m'a causé une fatigue
extrême. Je suis las, très las; c'est la première fois
que j'éprouve une pareille impression. Craignant
d'abuser de mes forces et de tomber malade, je crois
prudent de m'arrêter un jour à Chicago. Je descends
donc de wagon et sans guide, sans savoir un mot
d'anglais, je me mets à la recherche d'un hôtel.

Le premier aspect de Chicago n'a rien de séduisant, **Chicago**
les rues monotones se déroulent à perte de vue entre
des maisons basses, la plupart en bois, d'aspect sombre et triste. A mesure que l'on se rapproche du centre
des affaires, les maisons se font plus élevées pour
atteindre dans le quartier de Salle-Street la hauteur
des gratte-ciel. C'est là que ces maisons démesurées

SKY SCRAPER A CHICAGO

se dressent dans toute leur horreur. Rien n'a été fait
pour rompre la monotonie de ces étages superposés,
aucune ligne n'arrête l'œil dans ces murs immenses
percés d'ouvertures uniformes. C'est triste et laid !
Amené d'abord à l'Auditorium, puis à l'Annexe,
grands caravansérails de Michigan Avenue, je ne
trouve pas de place, toutes les chambres sont prises.
Chicago avait été désigné comme le siège de la Con-
vention républicaine pour la nomination du prési-

dent. *Taft for ever* !... je veux bien; mais, en attendant, les hôtels sont bondés. On refuse de me loger.
De l'Annexe on m'envoie à Lexington Hotel, grand
capharnaüm, rien moins qu'élégant. Je trouve à
grand'peine une chambre au quinzième étage, c'est
plutôt un logement de domestique qu'une chambre

RUE A CHICAGO

de maître; il ne faut pas se montrer difficile. Comme
je ne sais pas un mot d'anglais, le manager de l'hôtel,
qui ne parle pas français, est aussi embarrassé que
moi; aussi, n'arrivant pas à se faire comprendre, il
donne un ordre à un domestique, me faisant signe
de le suivre. J'enfile une rue, je prends un tramway,
puis un autre, et enfin j'arrive... au Consulat de
France. Le manager n'avait rien trouvé de mieux

que de m'adresser au Consul, comme un étranger pauvre qu'on rapatrie. Par bonheur, je tombe sur un homme du monde fort aimable qui, comprenant la situation, se met à mon entière disposition, me pilote et me fait les honneurs de sa ville. Je visite City Hall, le County Court House, le quartier des affaires, les gigantesques magasins où l'on trouve tout ce dont on peut avoir besoin, depuis la chemise et la paire de bottes jusqu'à l'automobile et au personnel de domestiques; puis nous gagnons les parcs et les bords du lac, quartier des milliardaires, des rois de la farine et du saindoux.

Le lendemain je visite les usines d'Armor, les parcs à bestiaux, les abattoirs. Je n'ai pas vu l'égorgement des bêtes, je n'ai pas assisté à cette dégoûtante boucherie; on n'abattait pas ce matin-là, mais on m'explique comment on expédie ces pauvres animaux, comment on les tue, on les saigne, on les nettoie; cela me suffit. Ce que j'ai vu avec un réel intérêt, c'est le dépeçage des viandes. Des porcs tués et nettoyés arrivent suspendus à des crochets glissant sur des tringles et sont livrés à des bouchers qui les découpent, les *parent* avec une rapidité vertigineuse, si bien qu'en moins d'une heure on débite près de 600 bêtes. Les hommes chargés de ce travail sont d'une dextérité extrême; mais ils doivent être doués d'une grande force physique, car le travail se fait avec une telle rapidité qu'ils n'ont pas un instant de repos; il leur faut une énergie musculaire peu

commune pour résister à une pareille fatigue. Ils
gagnent du reste un gros salaire, 18 à 20 francs
par jour. Le porc est livré immédiatement, le bœuf
est conservé quelque temps dans les frigorifiques
avant d'être débité. La fabrication des conserves
occupe surtout un personnel féminin qui, lui aussi,
gagne un salaire assez élevé, 6 à 8 francs par jour.
Je ne m'étendrai pas sur ces établissements qui
ont été tant de fois décrits; j'ajouterai seulement
qu'ils sont tenus avec une propreté extrême et
comme, ce jour-là, on n'égorgeait pas, je n'ai pas
été choqué par un spectacle répugnant, ni écœuré
par l'odeur du sang.

Tout autour de ces usines s'étendent des parcs
immenses où l'on renferme le bétail; bœufs, moutons,
porcs sont là par milliers, attendant le moment du
sacrifice. Dans les allées qui séparent les parcs, circulent de nombreux cavaliers, propriétaires ou cow-
boys, qui amènent, gardent les bêtes, traitent de leur
vente ou de leur livraison.

Chicago n'est pas seulement un grand marché de
bestiaux, il est un centre où converge la majeure
partie des blés produits dans l'Ouest. Ces blés sont
emmagasinés et classés par catégories dans d'immenses magasins appelés élévateurs, où ils deviennent valeurs d'échange; de là ils partent pour l'Amérique ou pour l'étranger. Toutefois, depuis quelques
années, l'exportation, qui pesait si lourdement sur
nos cours et qui nous effrayait à juste titre, a beau-

coup diminué. Ce résultat peut être attribué à diverses causes : tout d'abord la production ne s'est pas accrue comme on le supposait, l'étendue des terres arables étant loin d'être illimitée comme nous avons pu le constater; et d'autre part la population des Etats-Unis, en se développant considérablement, a augmenté de telle sorte la consommation que la demande aujourd'hui égale à peu près l'offre. L'exportation par suite n'a plus sa raison d'être.

Je m'étais arrêté à Chicago pour y reprendre des forces; je n'avais guère atteint mon but et la nuit que je passai en chemin de fer pour gagner le Niagara n'était pas faite davantage pour me reposer. Aussi est-ce brisé de fatigue que je me réveille le lendemain à Buffalo. C'est là qu'on change de train pour se rendre à Niagara-Falls.

Cette fois, j'avais pris mes précautions; et me souvenant du baby qui traversait l'Amérique avec un écriteau dans le dos indiquant sa destination, je m'étais fait rédiger par un compagnon de chemin de fer complaisant une petite pancarte où l'on avait écrit en anglais tout ce que je comptais faire : descente à Niagara-Falls, visite des chutes, retour en Pullman, couchette réservée, etc., etc., enfin tout ce dont je pouvais avoir besoin jusqu'à mon retour à New-York. Bien m'en prit; et je n'eus qu'à montrer le passage où était marqué ce que je désirais, pour que chacun, avec une complaisance où se mê-

lait peut-être un peu d'ironie, s'empressât de me
servir.

**Niagara=
Falls**
La première impression que j'éprouve en apercevant l'immense cataracte, ne répond pas à mon
attente : je n'en découvre pas tout d'abord la formidable grandeur; et puis mes yeux aperçoivent les

NIAGARA — CHUTE DU FER A CHEVAL

malencontreuses usines qui viennent d'être construites sur la rive américaine; tout en moi proteste
contre cette profanation. Mais lorsque je suis descendu au pied des chutes, lorsque j'ai vu cette nappe
immense se précipitant dans l'abîme, se brisant sur
la roche avec un fracas infernal, rebondissant et se
redressant en gerbes immenses de vapeurs où s'iri-
sent toutes les nuances de l'arc-en-ciel... oh! alors,
j'ai été saisi d'admiration, j'ai oublié l'œuvre de

l'homme pour ne plus voir que l'œuvre de Dieu, qui
est grande et merveilleusement belle. C'est surtout
lorsque, ayant gagné la rive canadienne, je me suis
placé au point de départ de la chute, que je me suis
rendu compte de la profondeur du gouffre et de la
masse d'eau qui s'y précipite. De ce point, en effet,
on découvre l'ensemble des cataractes et l'on perçoit

NIAGARA — ASPECT GÉNÉRAL DES CHUTES

toute leur majesté et toute leur grandeur. C'est
évidemment un des plus grandioses spectacles qu'i
soit donné à l'homme de contempler. L'aspect de
Whirlpool-Rapids est aussi des plus pittoresques :
l'énorme masse d'eau s'engouffre dans un étroit couloir
qui n'a pas plus de 80 à 90 mètres; brisé par la roch e,
le flot revient sur lui-même au centre du courant et se
soulève en une vague échevelée qu'on sent d'une
puissance irrésistible.

La splendeur du tableau m'avait un instant fait
oublier la fatigue; mais, à peine rentré dans le train,
je m'endors jusqu'à New-York. Je n'ai donc pu
jouir du cours de l'Hudson que longe le chemin de
fer. C'est seulement en arrivant que j'ai entrevu les
belles falaises couronnées de bois qui se dressent sur
la rive droite du fleuve.

New=York   Me voilà donc à New-York, la dernière étape de
mon voyage. L'impression de la *ville impériale* tout

VUE DE NEW-YORK

d'abord est favorable. Il fait d'ailleurs un temps
splendide et le beau soleil prédispose en sa faveur.
Déjà, en sortant de la gare, les rues offrent de l'intérêt; les maisons n'ont pas cette uniformité fatigante
des cités américaines que j'avais entrevues jusqu'à
ce jour; des édifices se détachent, les gratte-ciel

eux-mêmes si nombreux dans Broadway et la cité, semblent présenter certaines recherches architecturales auxquelles Chicago ne m'avait pas habitué; il est même quelques-uns de ces *buildings* qui ont des proportions harmonieuses. Il me paraît que ce genre de constructions n'est pas nécessairement anti-artistique; il y a là un mode d'architecture nouveau, dont les formes restent à trouver et dont la décoration demande des études spéciales. Si ces constructions ne se trouvent pas isolées au milieu de maisons basses et de pauvre apparence, elles peuvent ne pas produire mauvais effet.

J'en avais assez des hôtels où l'on ne parlait qu'anglais. Je me fais conduire à Lafayette Brewort. Ce n'est pas un de ces immenses caravansérails, un de ces somptueux palais que l'Américain semble vouloir adopter non seulement lorsqu'il est en voyage, mais dans la ville même où il réside, pour y établir son domicile. En effet, il ne trouve plus à se faire servir, les domestiques deviennent chaque jour plus exigeants, plus difficiles, l'hôtel le délivre de ce souci. Et puis, d'ailleurs, le home est-il si nécessaire? Dans la vie fiévreuse d'affaires qui est la sienne, il est indispensable d'être essentiellement mobilisable, de n'avoir aucune entrave qui empêche de se porter facilement d'un point à un autre... Ce n'est pas, en tous cas, les charmes de la vie de famille qui le retiendront. Où est-elle la famille? En dehors de la compagne dont le luxe et la toilette font valoir son crédit, les enfants

n'ont pas attendu leur majorité pour s'envoler, qui,
à la recherche de la fortune, qui, à la conquête d'un
mari... Mais je m'égare, revenons à Lafayette Brewort. Là, tout y est français, même la cuisine qui,
ma foi, est fort bonne, et que les New-Yorkais semblent aussi apprécier, car ils y viennent en grand
nombre prendre leurs repas.

J'avais manqué *la Provence*; je devais attendre
le prochain transatlantique qui partait pour la
France. J'avais donc quelques jours devant moi
pour visiter New-York. Mes premières courses sont
pour Broadway et la ville d'affaires. Il est difficile de
se faire une idée d'une circulation plus intense : sur
terre et sous terre, à travers les rues, au-dessous et
au-dessus, des railways, des tramways passent; ils
sont tous pleins et cependant, dans les rues, les piétons fourmillent. Tous ces gens paraissent agités. Ils
courent à leurs affaires, tous ont en tête leurs *business*; la flânerie n'existe pas. Les buildings, ces
immenses maisons à 12, 15 et 20 étages (on en cite
même qui ont plus de 40 étages) à chaque instant
vomissent des foules; les ascenseurs, en nombre dans
chaque maison, sont sans cesse en action, car les
étages sont remplis de bureaux; c'est un mouvement
incessant d'employés et de clients qui circulent,
montent et descendent.

Après la ville d'affaires, voyons les demeures de
ceux que les affaires ont enrichis. Pour cela il n'y a
qu'à suivre la 5ᵉ avenue. Là, vraiment, se trou-

vent de beaux hôtels, de vrais palais, non pas seulement riches et luxueux, mais élégants et de bon goût. Il est étonnant comme ces gens nés d'hier ont tendance à se donner des parchemins; même dans leurs demeures, ils recherchent le style moyenâgeux ou de la Renaissance. Il y a, dans ce genre, des constructions vraiment remarquables. Une notable partie de la 5ᵉ avenue longe le Parc central. Ce jardin immense de plus de 300 hectares est dessiné avec goût, il donne l'illusion de la solitude dans cette populeuse cité, celle du calme et du repos dans cette ville enfiévrée.

Le Muséum borde le parc; c'est un immense édifice qui contient des œuvres intéressantes. Bien

CATHÉDRALE DE SAINT-PATRICK

qu'on y rencontre quelques bonnes toiles des anciens maîtres, c'est surtout l'Ecole moderne qui y est représentée. J'ai été agréablement surpris de retrouver là nombre de tableaux que j'avais vus autrefois dans nos expositions. On y a aussi installé plusieurs collections qui demandent pour être examinées plus de temps que

17

je ne pouvais leur consacrer; elles prouvent, en tous
cas, que la ville du Business ne se désintéresse pas
complètement des préoccupations artistiques. La
collection de la Library Lenox, dans la même
5e avenue, est loin d'avoir une égale valeur; j'y
ai vu cependant une réunion de peintures japonaises qui ne manquent pas d'intérêt.

Ayant quelques jours devant moi, je me décidai
à aller à Washington. En faisant cette excursion, j'a-
vais non seulement l'occasion de voir la capitale
de l'Union dont on me vantait les monuments, mais
j'allais parcourir une des régions les plus intéressantes de l'Est américain, la partie la plus ancien-
nement colonisée, la contrée historique de la Grande
République.

Je prends à Pennsylvania-Station le ferry-boat
qui me conduit à Jersey City. Là seulement je monte
en wagon. Je traverse d'abord de longs faubourgs
remplis d'usines, c'est la banlieue industrielle. Puis,
brusquement, j'arrive dans la campagne; pas de
jardins, pas de cultures maraîchères, pas de villas.
Les quelques maisons que je rencontre, pour la plupart en bois, sont extrêmement modestes, aucun
jardin ne les entoure; pas de fleurs, seulement quelques bandes de gazon d'ailleurs soigneusement ton-
dues. Où prend-on les légumes nécessaires pour l'ali-
mentation de ces grandes agglomérations urbaines?
Dans quelques contrées spéciales où ils sont cultivés
en grand, et de là expédiés sur les lieux de consom-

mation. Il y a le roi des choux, comme il y a le roi
des porcs et des chemins de fer. Cette culture du chou
est si considérable que des voies ferrées sont tracées au
milieu des champs, et que l'on y charge directement
les wagons.

Ce qui me frappe encore davantage, c'est la solitude qui règne dans cette campagne. Nous venons de
sortir de centres fabuleux de population et nous entrons presque dans un désert. Plus ou presque plus de
cultures, des prairies où errent quelques rares bestiaux, des champs en friches où l'herbe n'a pas même
eu le temps de repousser; des bois en certain nombre,
mais de jeunes bois qu'on a laissé croître depuis peu
de temps. C'est que la terre vient d'être abandonnée;
le cultivateur, par une exploitation abusive, a épuisé
son sol; inutile de reconstituer sa richesse, *cela ne
paierait pas;* aussi à New-York et dans les grands
centres, on charge les fumiers sur des bateaux à
fonds mobiles qu'on va déverser dans la mer. Il est
bien plus simple d'abandonner sa ferme, et d'aller
plus loin chercher des terres vierges que l'on épuisera
de même. C'est d'ailleurs un moyen de se libérer
des nombreuses hypothèques qui grèvent les propriétés. Au lieu de payer des intérêts, on laisse le gage
au prêteur, et l'on porte ses efforts sur une terre nouvelle, libre de toutes charges, dont on jouira inté-
gralement du produit. C'est la faillite foncière; pas
plus que dans le commerce et l'industrie, elle ne
déconsidère celui qui la pratique.

A Trenton nous retrouvons un souvenir historique.
C'est là que, par sa victoire, Washington rétablit la
fortune des confédérés et prépara l'indépendance des
Etats-Unis. A partir de cette ville, la ligne suit la
Delaware qu'elle franchit à Philadelphie. Soit en souterrain, soit en passage à niveau, la voie traverse cette
ville immense qui, vue du chemin de fer, paraît d'une
monotonie désespérante. Comme dans toutes les
villes américaines, les rues s'étendent à perte de vue
et sont coupées à angle droit par des rues transver-
sales; mais jamais les maisons ne m'ont semblé
avoir une uniformité pareille : un soubassement avec
escalier en pierre blanche, ou en bois peint en blanc;
le reste de l'édifice en briques rouges avec toits plats
et cheminées à l'arrière. Et c'est ainsi sans interruption, à niveau égal, pendant des milles; car cette
ville composée de petites maisons qui comprennent
chacune un nombre restreint d'habitants, occupe une
superficie immense que ne dépasse aucune ville de
l'Union. Ce n'est qu'une impression, bien entendu,
un aperçu bien fugitif; mais je serais cependant
étonné que Philadelphie fût une jolie ville où le
voyageur aimerait à finir ses jours.

Même paysage monotone, même campagne déserte
entre la Delaware et Susquehanna-River que l'on
passe au *Havre de Grâce*. Le chemin de fer, pour
atteindre Baltimore, traverse de nombreuses nappes
d'eau, relais du Chesapeake-bay; et comme à Philadelphie, il traverse la ville dans toute sa largeur.

Baltimore m'a donné la même impression de monotonie que cette dernière ville. J'entends dire, toutefois, qu'il y a de beaux quartiers aux environs des
parcs. Cependant le soleil se couche et c'est à la nuit
tombante que, poursuivant notre route, nous arrivons à Washington.

Washington est une ville très étendue, bâtie sur **Washington**
un plan trop vaste pour la population qu'elle con-

LE CAPITOLE A WASHINGTON

tient; certains quartiers semblent un peu vides.
Les avenues sont larges et bien plantées de grands
arbres dont les ombrages doivent être appréciés pendant l'été, car, paraît-il, il y fait exceptionnellement
chaud. Pour rompre la monotonie des rues qui là,
comme partout, sont en damier, on a ménagé des
perspectives sur des ronds-points ornés de statues.

(La statuomanie ne sévit pas qu'en France.) Les
services publics sont logés dans des bâtiments auxquels on a cherché à donner un caractère monumental; je dois avouer qu'on n'a pas toujours réussi.
Mais ce qui mérite réellement l'admiration, c'est le
Capitole, siège du Parlement. Cet édifice, bâti sur une
hauteur, domine la ville : il se compose d'un corps

ENTRÉE DU PONT DE BROOKLYN

central, avec coupole, relié par une belle colonnade
à deux larges ailes, le tout en marbre blanc. Dôme,
terrasses, escaliers, colonnades forment un ensemble
d'un grand caractère et font de ce monument une
des meilleures œuvres architecturales qui aient été
édifiées de nos jours. Je n'en dirai pas autant de la
Maison Blanche, la demeure présidentielle. C'est un
banal hôtel, dont aurait peine à se contenter le moindre milliardaire de l'Union. Mais les jardins qui l'en-

tourent sont jolis et bien entretenus. Le monument
de Washington, pyramide immense en marbre blanc,
ne manque pas de caractère dans sa simplicité.

Une journée avait suffi pour voir la capitale de
l'Union. Je rentrai le lendemain soir à New-York.
La traversé de l'Hudson, la nuit, avec les feux de la

PONT DE BROOKLYN

rade et les illuminations de là ville dans le fond,
offre un spectacle qu'il est difficile d'oublier. Ayant
encore quelques jours devant moi, j'en profite pour
compléter ma visite de New-York. Je vais voir
Brooklyn et ses ponts gigantesques qui ont vraiment
des lignes d'une belle hardiesse. Brooklyn par lui-
même n'offre pas grand intérêt. Une excursion que
j'ai trouvée charmante est la circumnavigation de
New-York. On part de Portland Street sur l'Hudson,
on double la Batterie, laissant à droite la statue de

la Liberté, œuvre de Bartholdi, donnée par la France et placée sur un îlot en face de New-York, on passe sous les ponts de Brooklyn, on longe la Rivière de l'Est, et l'on regagne l'Hudson par l'Harlem river; le retour se fait par le grand fleuve, en longeant Riverside Park et les nouveaux quartiers élégants de New-York.

Océan Atlantique

J'étais ainsi arrivé au jeudi 11, jour du départ de la *Lorraine;* et sur ce beau bateau, certainement

LA LORRAINE

un des meilleurs et des plus élégants que j'aie rencontrés dans mon voyage, je regagnais la France que j'avais quittée depuis près de huit mois. Ce retour dont je me faisais une grande fête était attristé par un deuil cruel; et les joies que j'attendais allaient être mêlées de larmes. Je retrouvais mes enfants, petits et grands, j'avais le bonheur de les serrer dans mes bras, mais une tombe venait de se fermer où je laissais une dé mes plus chères affections.

C'est ainsi que va la vie, avec ses jours de pluie et de soleil; bénissons Dieu quand vient le rayon de lumière.

VUE DU HAVRE

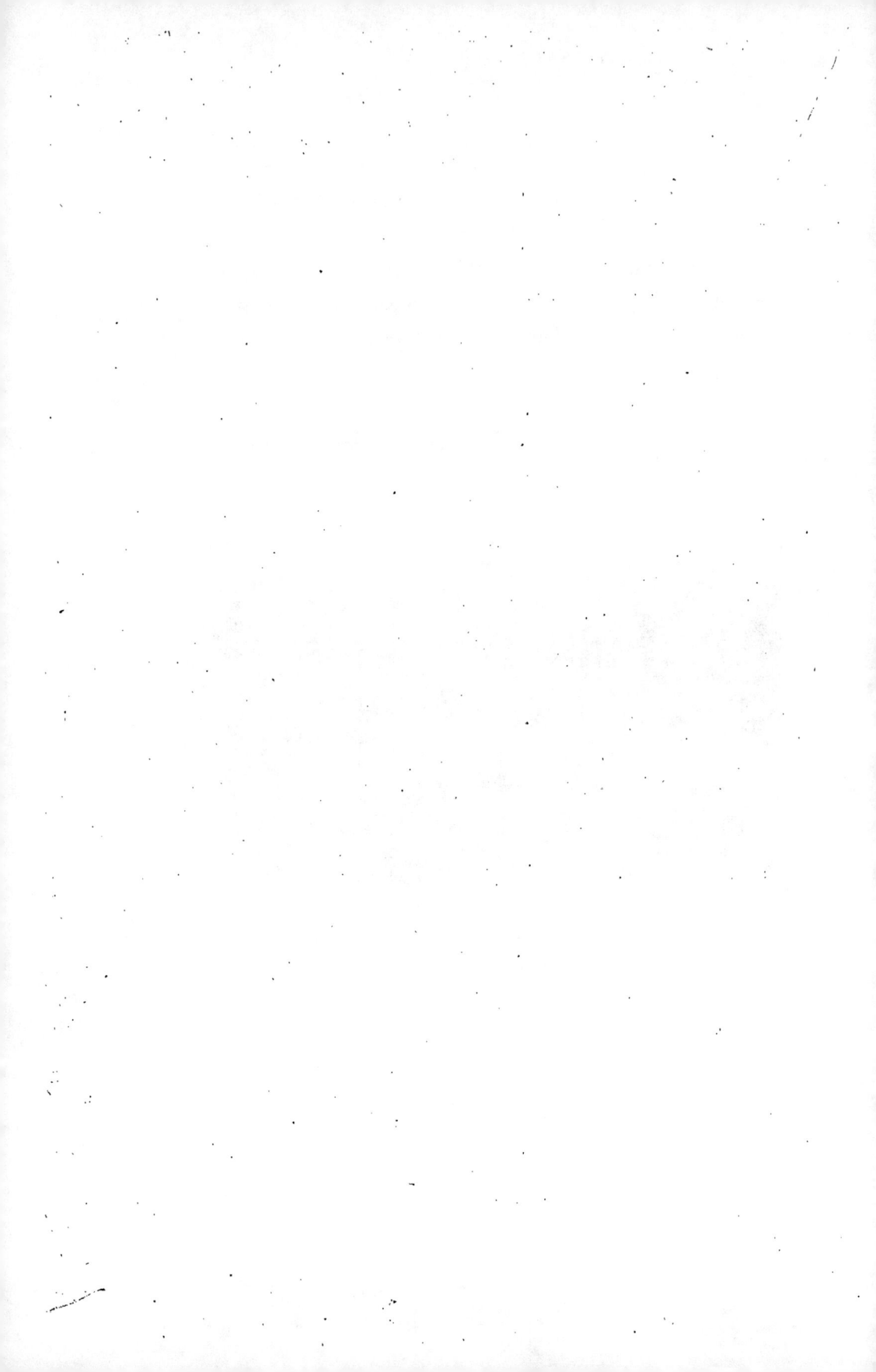

ITINÉRAIRE

d'un

VOYAGE AUTOUR DU MONDE

ITINÉRAIRE

Je n'ai pas l'intention de faire un guide; je laisse ce soin à de plus documentés que moi. On verra seulement ici ce que j'ai fait, les différentes étapes de mon voyage, les pays que j'ai visités, les bateaux sur lesquels j'ai voyagé, les chemins de fer que j'ai dû prendre, les hôtels où je suis descendu; ce sont de simples indications pour donner une idée de ce que peut être un itinéraire de voyage autour du monde.

Ces renseignements se trouvent en grande partie dans le programme que, sur nos indications, l'Agence Lubin avait tracé et dont l'exécution avait été confiée à M. Pin, qui s'est acquitté de sa tâche avec autant d'intelligence que de tact. Sans la moindre arrière-pensée de réclame, je ne puis qu'indiquer la source où j'ai moi-même puisé et où il sera loisible à chacun de s'adresser.

Départ de Paris, gare de Lyon, le 9 novembre 1907, par le train de 9 h. 15 du matin. Arrivée à Marseille à 10 h. 11 du soir. **Paris**

Marseille
Page 7

Nous couchons à Marseille, hôtel de Noailles, et le 10 novembre, à 11 h. du matin, nous nous embarquons sur *l'Armand-Béhic* de la compagnie des Messageries maritimes.

Du 10 au 14 novembre, nous passons par les Bouches de Bonifacio, nous traversons le détroit de Messine et nous longeons le sud de la Crète.

Port=Saïd
Page 13

Le 14 au soir, nous arrivons à Port-Saïd.

Bien qu'à une heure avancée de la nuit, nous trouvons une ville éclairée et animée par l'arrivée du courrier. Descente à terre pendant que le bateau fait son charbon.

Canal de Suez

et Mer Rouge
Page 13

Le 15, traversée du canal de Suez; courtes escales à Ismaïlia et à Suez.

Les 16, 17 et 18, navigation sur la mer Rouge. Nous découvrons distinctement à bâbord le massif du Sinaï; le reste du temps nous apercevons à peine une ligne de côtes à l'horizon; mais à Périm, l'Afrique et l'Asie se rapprochent et nous distinguons nettement les côtes bordées d'îles.

Aden
Page 16

Le 19, escale à Aden; nous avons le temps de visiter la ville et les réservoirs pendant que le navire fait son charbon.

Océan Indien
Page 19

Du 20 au 25, navigation sur l'Océan Indien. Le 26, escale de 18 heures à Colombo (Ceylan). Nous visitons la ville et nous faisons la charmante excursion de Mount-Lavinia. Dîner à l'Oriental Hotel. Du 27 novembre au 2 décembre, navigation d'abord dans le golfe de Bengale, puis, pendant les derniers jours, dans le détroit de Malacca, entre la péninsule du même nom et l'île de Sumatra. On côtoie des îles recouvertes d'une végétation tropicale exubérante.

Le 2 au matin, arrivée à Singapore. Visite de la ville. Nous passons la nuit à Raffles-Hotel, situé en face de la rade.

Le 3, navigation dans la mer de Chine méridionale.

Le 4, arrivée au cap Saint-Vincent, remontée de la rivière de Saïgon et débarquement à Saïgon, capitale de la Cochinchine. Nous quittons définitivement l'*Armand-Béhic* et nous descendons à l'Hôtel Continental. Nous visitons la ville, la rue Catinat, le théâtre, la cathédrale, le boulevard Norodom, le palais du lieutenant-gouverneur, l'hôtel de ville, etc. Ces monuments, tous modernes, sont généralement construits avec goût et tranchent agréablement sur le style colonial que nous avions vu dans les Indes Anglaises. Nous terminons notre journée par le tour de l'Inspection, promenade ordinaire des Saïgonais.

Le 5, après avoir visité le jardin zoologique, nous gagnons, à travers la plaine des tombeaux, la cité chinoise de Cholon, remarquable par sa population très dense et son activité industrielle et commerciale.

Retour à Saïgon par la route qui longe « *l'arroyo chinois* ».

Le 6, départ de Saïgon pour Bangkok sur le *Donnaï*, bateau des Messageries fluviales. Escale à Poulo-Condor, île servant de pénitencier.

Les 7, 8 et 9, navigation sur le golfe de Siam, escale à Hon-Chong.

Le 9, arrivée, le soir, à la barre du Ménam. Arrêt pendant la nuit.

Siam
Bangkok
Page 34

Le 10, dans le milieu de la journée, arrivée à Bangkok (Hôtel-Oriental). Promenade dans la ville, aujourd'hui très modernisée par Chu-La-Long-Korn. Les canaux ne sont plus les uniques voies de communication, des rues ont été percées, notamment la New-Road, qui traverse toute la ville et qui est parcourue d'un bout à l'autre par un tramway électrique. Visite des temples, le Vaht-Poh avec son grand Bouddha couché, long de 50 mètres et entièrement doré; le Vaht-Sikket avec ses fours crématoires; le Vaht-Moha-Tot et ses décorations folles.

Le 4, excursion à Ayouthia en chemin de fer, visite des ruines et promenade en bateau à Krounghao, au milieu des boutiques flottantes, rendez-vous des marchands du Laos; nous devions descendre le fleuve en barque et visiter au retour Bang-Ghaïn, la résidence d'été du roi; la barque ayant manqué au rendez-vous, nous avons dû revenir directement en chemin de fer.

Le 12, séjour à Bangkok. Visite de la ville royale,

du palais du roi, des pagodes, du Vaht-Phra-Keo. Le soir, nous parcourons les quartiers excentriques.

Le 13 au matin, visite de la rive droite du fleuve et du temple Vaht-Cham.

Le 13 à midi, départ de Bangkok sur le *Donnaï*.

Les 14, 15 et 16, navigation dans le golfe de Siam.

Le 17, arrivée à Saïgon.

Les 18 et 19, séjour à Saïgon. Excursion en automobile aux chutes de Trian, à Bien-Hoa, à Thudaumot; fête religieuse à Cholon.

Le 20, départ de Saïgon pour le Cambodge : chemin de fer jusqu'à My-tho, sur le bras intérieur du Mékong, et embarquement sur le *Battembang*, des Messageries fluviales; navigation sur le Mékong.

Cambodge et Mékong
Page 42

Le 21, arrivée à Pnom-Penh, capitale du Cambodge, située au croisement de quatre routes fluviales. Nous descendons au Grand-Hôtel. Visite de la ville et de ses faubourgs, du palais de justice, de la résidence, du pont des dollars et du palais du roi Sissovath, banale demeure garnie de meubles de pacotille, où l'on conserve cependant un objet d'une rare valeur, une épée cambodgienne datant des Kmers et dont la possession garantit la détention du pouvoir. Nous admirons le jardin public, dans lequel se trouve le Pnom, colline surmontée d'une pagode en forme de cône, à laquelle on accède par de larges escaliers

Pnom=Penh
Page 43

18

gardés par des guerriers, des lions et des naga, sorte de serpents à multiples têtes, décor caractéristique de monuments kmers.

Le 22 au matin, départ de Pnom-Penh sur le *Nam-Ky*, de la Compagnie des Messageries fluviales, et navigation sur le Tonlé-Sap.

Le 23, traversée du Grand lac. Transbordement sur des *sampans* qui abordent à une plage limoneuse proche de Siem-reap, puis voyage de quatre heures en charrettes à bœufs et arrivée à Angkor-Vaht vers une heure. Logement dans des paillottes. Première visite d'Angkor-Vaht. Ce temple, d'abord brahmanique, fut transformé vers le VIIe siècle en temple bouddhique, et cette transformation le préserva de la destruction, lors de l'invasion des conquérants bouddhistes. Ce merveilleux édifice, bien que dégradé par le temps et envahi par une végétation folle, est encore assez bien conservé. Aujourd'hui qu'il appartient à la France, les travaux de dégagement et de consolidation qui ont été entrepris, tout en lui conservant son caractère de grandeur étrange et mystérieuse, le préserveront de dégrations nouvelles.

Ruines d'Angkor
Page 46

Le 24, au milieu de la forêt cambodgienne, visite d'Angkor-Thom, grande ville royale entourée de murailles de quatre kilomètres de côté. Cette enceinte est percée de cinq portes d'un grand effet architectural avec deux frontons à faces humaines. Cette ville renferme de nombreux édifices, malheureusement en ruines, et notamment, le Bayon, qui est certainement un des monuments les plus remarquables de l'architecture Kmer.

Le 25, départ d'Angkor à la première heure, retour par les mêmes moyens, charrettes à bœufs, sampans et bateau, qui nous ramène à Pnom-Penh.

Le 26, transbordement du *Nam-Ky* sur le *Mékong* et retour à Saïgon. A My-tho, on peut quitter le bateau pour prendre le chemin de fer; on évite ainsi quelques heures de navigation sur mer.

Le 27, arrivée au matin à Saïgon.

Le 28 décembre, départ de Saïgon pour Java. Embarquement sur le *Tourane*, des Messageries nationales, qui nous conduit à Singapore.

Le 30, descente à Singapore, hôtel Raffles.

L'itinéraire que nous avons suivi peut étonner et même prêter à certaines critiques. En arrivant de France à Singapore, pourquoi se rendre d'abord à Saïgon et ne pas aller immédiatement à Java? Puis, après la visite de Java et le retour inévitable à Singapore, pourquoi ne pas gagner le Siam, descendre ensuite au Cambodge et atteindre seulement alors Saïgon? Cette critique n'est qu'en partie fondée. La visite de Java, dès notre arrivée à Singapore, visite qui semblait si naturellement indiquée, ne nous était pas possible; car nous tenions à voir les merveilleuses ruines d'Angkor et l'on ne peut remonter le fleuve, le Tonlé-Sap, que dans le mois de novembre, au plus tard vers le milieu de décembre; nous étions à la dernière limite; il est vrai qu'il eût suffi d'avancer l'époque du voyage : en allant plus tôt à Java, il eût été facile d'arriver à temps au Cambodge pour remonter le Tonlé-Sap avant la baisse des eaux. Mais alors, nous arrivions trop tôt dans le nord de la Chine, et à moins de prolonger considérablement la durée de notre voyage, nous aurions été à Pékin avant la fin des froids et nous aurions eu chance de rencontrer la neige. Nous étions donc dans l'obligation de faire précéder le voyage de Java par la visite de Bangkok et d'Angkor. Il est une autre objection qui me paraît plus fondée. Pourquoi aller d'abord en Cochinchine pour revenir ensuite au Siam? En effet, de Singapore on peut gagner le Siam par des bateaux allemands ou anglais qui ne sauraient être plus mauvais que ceux des Messageries fluviales. Et de Bangkok, je suis porté à croire qu'on peut faire directement la visite d'Angkor sans passer par Saïgon. On doit pouvoir prendre à Bangkok un bateau pour Chantaboun et de Chantaboun gagner Battambang. A Chantaboun, les moyens de communication ne doivent pas être très faciles; cependant on nous a affirmé au Siam qu'on peut s'y procurer des chevaux, peut-être des chaises à porteur, et en tous cas des éléphants et atteindre ainsi Battambang. Là, on retrouve les bateaux des Messageries fluviales qui touchent à Siem-reap, d'où l'on gagne Angkor.

Mais revenons à notre itinéraire.

Le 31 décembre 1907, départ de Singapore sur le bateau des Messageries maritimes *la Seyne*. Navigation le long des côtes de Sumatra bordées d'îles verdoyantes.

Le 1ᵉʳ janvier 1908, passage du détroit de Bangka et navigation dans la mer de la Sonde.

Détroit de Bangka

Le 2, arrivée à Tandjoeng-Priok, port de Batavia. Un tramway nous conduit à Batavia à travers des marais. Installation à l'hôtel des Indes.

Java

Le 3, séjour à Batavia, visite de la ville; palais du gouverneur, quartier européen de Weltervreden, coupé de larges avenues et de nombreux canaux, Koeningsplein, Waterlooplein, le Musée, l'ancien Batavia, la ville basse, que l'on n'habite plus, où l'on vient seulement pour ses affaires.

Batavia
Page 51

Le 4, par chemin de fer, excursion à Buitenzorg, résidence du gouverneur général, visite de l'admirable jardin botanique, probablement le plus beau qui existe au monde.

Buitenzorg
Page 55

Le 5, excursion dans les environs, à Batœ-Tœlis (la pierre écrite) et à Kata-Batœ, établissement balnéaire.

Sindanglaya
Page 56

Le 6, départ en voiture pour le sanatorium de Sindanglaya, situé au milieu d'un pays pittoresque et salubre ; après avoir franchi le col de Pontjac (1.400 m.), et visité le lac Telega Warna, nous descendons sur Sindanglaya, qui n'est qu'à 1.074 mètres d'altitude. Nous logeons à l'hôtel du sanatorium. Promenade à Tjipanas, résidence d'été du gouverneur.

Le 7, départ en voiture de Sindanglaya, passage du col par lequel on pénètre dans la province des Préangers; descente par de nombreux lacets d'où l'on découvre un panorama magnifique, et arrivée à Tandjœr, où nous prenons le chemin de fer qui nous

Bandong
Page 57

mène à Bandong dans le milieu de la journée (hôtel Hœmann). Visite des bains de Tjipanas et de la cascade de Tjœrœng.

Le 8, séjour à Bandong (700 mètres d'altitude). Ascension du Tangkœban-Prahœ. On longe d'abord des jardins où, à cette altitude, on cultive bon nombre de nos plantes de France; on traverse une plantation de quinquinas, puis on pénètre dans une forêt tropicale d'une grande beauté; mais la végétation se fait plus pauvre en approchant du sommet, et bientôt on accède à une plate-forme d'où l'on découvre deux cratères, dont l'un est rempli d'une eau bouillonnante qui prouve que l'activité du volcan n'est pas complètement éteinte.

Garoet
Page 62

Le 9 au matin, départ en chemin de fer pour Garœt, délicieuse station climatérique située au milieu d'une plaine entourée de montagnes variant de 2 à 3.000 mètres de hauteur (Hôtel Van-Horck). Promenades sur le petit lac de Sito-Bagendit, visite de Tjipanas, où sont des sources d'eaux chaudes très fréquentées.

Le 10, excursion au lac Telega-Bodas (le lac blanc), situé à 1.724 mètres d'altitude au milieu d'une forêt magnifique où croissent de splendides fougères arborescentes. Le lac est un ancien cratère que les eaux ont rempli; ces eaux semblent recouvertes d'une légère couche de mica qui leur donne un reflet métallique d'un effet étrange; de nombreuses sources chaudes viennent bouillonner à la surface.

Le 11, ascension du célèbre volcan Papandajan (2.600 mètres). Partis de Garœt en voiture, nous prenons des chevaux au pied de la montagne pour traverser la région forestière; la dernière partie de l'ascension se fait à pied à travers des torrents de lave figée et de pierres éboulées. Le cratère est troué de nombreuses bouches d'où sortent, avec un bruit de tonnerre, des colonnes de fumée et des vapeurs de soufre. La descente au milieu de ces bouches volcaniques demande quelques précautions, mais ne présente pas de dangers sérieux. Le Papandajan passe pour un des plus redoutables volcans de l'île; son éruption, en juillet 1772, détruisit plus de 40 villages.

Maos

Le 12, départ en chemin de fer de Garœt pour Maos; la première partie de la route se fait à travers des montagnes très pittoresques. En arrivant dans la plaine, on traverse une forêt vierge qu'on commence à défricher, puis on entre dans des rizières. Arrêt pour coucher à Maos (Staats-Hôtel).

Djocjakarta
Page 65

Le 13, départ de Maos à la première heure et arrivée dans la matinée à Djocjakarta, capitale d'un des rares États auxquels le gouvernement hollandais a laissé un simulacre d'indépendance. Visite du palais et du fort.

Boroe-
Boudoer
Page 65

Le 14, excursion aux ruines de Borœ-Boudœr, temple bouddhique élevé au VIIIᵉ ou au IXᵉ siècle. L'édifice, immense quadrilatère, se compose de 5 terrasses s'étageant pour aboutir à un autel central. Sur chaque terrasse sont des niches et des autels renfermant 432 Bouddhas. Tout le pourtour de ces terrasses est recouvert de panneaux sculptés au nombre de 2,141, représentant des scènes de la vie de Bouddha et de ses disciples.

Le 15, séjour à Djocjakarta (fête chez le sultan).

Brambanam
Page 71

Le 16, départ de Djocjakarta. Arrêt à Brambanam et visite des ruines des temples indous. Bien que ces temples ne renferment aucune image de Bouddha et que nombre de sculptures reproduisent des dieux brahmaniques, on a tout lieu de croire, d'après le docteur Groneman, que ces temples ont été construits par des Bouddhistes.

On traverse de grandes plaines richement cultivées où dominent les champs de cannes à sucre.

Arrivée le soir à Sœrabaya, ancienne capitale de l'île de Java; son port abrité à l'est par l'île de Madoura est un des plus sûrs de l'Insulinde (hôtel Malang).

Soerabaya
Page 71

Le 17, départ de Sœrabaya pour Tosari. On va en chemin de fer jusqu'à Pasœrœn; de Pasœrœn à Pospo, en voiture, et de là à Tosari, à cheval ou en chaise à porteurs. Route pittoresque avec vue sur la plaine de Sœrabaya et la mer.

Tosari
Page 72

Le 18, ascension du Bromo, un des plus intéressants volcans de Java, peut-être du monde. Départ à la première heure à cheval ou en chaise à porteurs. On traverse de nombreux villages et des jardins où nous retrouvons nos fruits et nos légumes d'Europe, on traverse une grande forêt de pins et l'on atteint Moghul-Pass d'où l'on domine un cirque immense entouré de hautes falaises, ancien cratère du volcan, aujourd'hui plaine de sable. Descente dans ce cratère et traversée de la plaine; on contourne un ancien cône d'éruption et l'on arrive au cratère actuel en activité. Ayant mis pied à terre, nous marchons à travers des coulées de laves et de boues figées et nous

Le Bromo
Page 72

grimpons, au moyen d'échelles posées à plat, sur le cône du cratère qui doit avoir de 80 à 90 mètres de hauteur. Arrivé au sommet, on aperçoit un entonnoir immense d'où jaillissent, avec un bruit de tonnerre, des nuages de fumée et de vapeurs de soufre. Retour à Tosari par les mêmes moyens qu'à l'aller.

Soerabaya

Le 19, retour à Soerabaya (hôtel Malang).

Soerakarta
Page 75

Le 20, départ de Soerabaya en chemin de fer et arrivée à Soerakarta, capitale du Second Empire que le gouvernement hollandais a laissé subsister (hôtel Slier).

Le 21, départ de Soerakarta, coucher à Maos.

Maos

Le 22, départ de Maos. La première partie du trajet n'offre guère d'intérêt; mais bientôt on approche des montagnes et le paysage prend un grand caractère; on revoit les montagnes de Garœt et de Bandong et on arrive à la station de Padalarang, où le chemin de fer bifurque; laissant à gauche la voie qui continue sur Buitenzorg, nous prenons la ligne qui se rend directement à Batavia, d'abord à travers un pays montagneux des plus pittoresques, puis, en approchant de Batavia, au milieu des rizières.

Batavia

Arrivée le soir, après un voyage de 12 heures, à Batavia (hôtel des Indes).

Le 23, séjour à Batavia.

Le 24, embarquement sur *la Seyne*, le bateau qui nous avait amenés.

Le 25, navigation sur des mers déjà parcourues.

Le 26 janvier, arrivée à Singapore (hôtel Raffles). **Singapore**

Le 27, embarquement pour Saïgon sur *l'Ernest Simons*, des Messageries maritimes.

Le 28, navigation.

Le 29, arrivée à Saïgon (hôtel Continental). **Saïgon**

Le 30, séjour à Saïgon.

Le 31, départ pour Tourane sur *le Colombo*, des Messageries nationales.

Le 1er février, navigation le long des belles côtes **Annam** de l'Annam, si pittoresquement découpées. Escale à Natrang.

Le 2, escale à Quinhon, arrivée dans la nuit à Tourane (hôtel de Tourane).

Le 3, séjour à Tourane. **Tourane**
Page 81

Le 4, départ pour Hué en chemin de fer. Le trajet est des plus intéressants. La voie suit le bord de la mer, et par une série de lacets et de tunnels franchit la montagne près du col des Nuages. Nous descendons à Hué (hôtel Guérin).

Hué
Page 84

Les 5, 6 et 7, séjour à Hué.

Le 1er jour : Excursion à l'Ecran royal, à la pagode des sacrifices, vaste plateforme entourée de balustrades où, à certaines époques, l'Empereur vient en grande pompe offrir des sacrifices; à la cathédrale, à la pagode de Dong-Kan, père de Thanh-Thaï, le soir visite de la cité impériale et du palais qui est sans grand caractère.

Tombeaux des Empereurs

Le 2ᵉ jour : Excursion en voiture aux tombeaux de la rive droite, aux monuments de Tu-Duc, de Gia-Duc, de la mère de Minh-Mang.

Le 3ᵉ jour : Excursion en barque, aux tombeaux de la rive gauche, au mausolée de Gia-Long, à celui de Minh-Mang. Au retour, arrêt à la pagode de Confucius.

Tourane

Le 8, retour à Tourane par la belle route déjà parcourue.

Le 9, excursion aux Montagnes de marbre, grandes roches calcaires avec des autels bouddhiques d'un curieux effet. On y a même construit ou plutôt creusé un monastère bouddhique.

Tonkin

Le 10, embarquement pour le Tonkin sur le *Cachar*, des Messageries maritimes.

Le 11, navigation sans grand intérêt dans le golfe du Tonkin.

Haïphong

Le 12, arrivée à Haïphong (hôtel du Commerce). Nous ne restons que quelques heures et nous repartons immédiatement pour Hanoï où nous arrivons le soir (hôtel Métropole).

Le 13, le 14 et le 15, séjour à Hanoï et visite de la ville. Vieux et nouveaux quartiers, le Petit et le Grand Lac, la pagode du Grand Bouddha, le palais du gouverneur, le Muséum, le Jardin zoologique, la citadelle, la pagode de Balny, le monument du commandant Rivière.

Hanoï
Page 89

Le 15 au soir, départ en chemin de fer pour Vietry. On peut coucher à Vietry (hôtel du Commerce) ou sur le bateau qui fait le service de Tuyen-Quan et qui stationne devant l'Hôtel.

Vietry

Le 16 au matin, départ sur la chaloupe *Yvonne*, de la Compagnie des Correspondances fluviales du Tonkin, qu'il ne faut pas confondre avec les Messageries fluviales de la Cochinchine. Navigation sur la Rivière Claire, et arrivée le soir à Tuyen-Quan.

Le 17, visite de la ville, de la citadelle, d'une mine de calamine située sur l'autre rive du fleuve, dans un paysage pittoresque.

Tuyen-Quan
Page 90

Le 18, retour en chaloupe jusqu'à Vietry et en chemin de fer jusqu'à Hanoï.

Le 19, au matin, départ d'Hanoï en chemin de fer et arrivée au milieu du jour à Langson (hôtel de la Poste); excursion aux rochers de Kilua (grottes de marbre avec autels bouddhiques) et au champ de bataille de Langson. Visite de la ville.

Langson
Page 95

Le 20, excursion à la Porte de Chine, et retour à Hanoï dans la soirée.

Haïphong
Page 97

Le 21 février, départ d'Hanoï et arrivée à Haïphong (hôtel du Commerce). Visite de la ville, du port et du canal de Song-Tam-Bac.

Port=Courbet

**Hongay
Baie d'Along**
Page 98

Le 22, excursion de la baie d'Along sur la chaloupe à vapeur *La Perle*, spécialement frétée à cette occasion. Visite de Port-Courbet et des mines de charbon de Hongay où l'on exploite, à ciel ouvert, des couches de 60 à 70 mètres d'épaisseur. Dans la journée, commencement de la visite de la baie d'Along.

Le 23, continuation de l'excursion de la baie d'Along. Visite de la Grotte des Merveilles, de la Grotte des Surprises, de la Cathédrale, du Crapaud, du Canot, du Cirque, du Tunnel de la Douane, de l'Ile aux Biches.

Le 24, fin de la visite de la baie d'Along et, le soir, retour à Haïphong.

Le 25, séjour à Haïphong. Excursion à la station météorologique de Do-Son.

Le 26, départ pour Hong-Kong sur le *Hanoï* de la Compagnie Marty. Navigation dans le détroit d'Haïnan et escale à Haï-ho dans l'île d'Haïnan.

Les 27 et 28, navigation dans la mer de Chine.

Le 29, arrivée à Hong-Kong, port franc, apparte- **Hong=Kong**
nant à l'Angleterre. Nous descendons à Hong-Kong- Page 106
Hôtel.

Le 1ᵉʳ mars et le lundi 2 mars, séjour à Hong-
Kong. La ville, appelée Victoria, est bâtie sur le
flanc de la montagne et, du sommet du *Peak* qui la
domine, on découvre une vue admirable sur la rade,
les îles environnantes et la côte chinoise. Promenade
à Happy-Valley, à Aberdeen, à Little Hong-Kong, à
Kowlong.

Le 3 au matin, nous partons pour Canton, sur le
Honan, navire d'une Compagnie anglaise, et nous
remontons le Tchou-Kiang ou rivière de la Perle.
L'estuaire, d'abord assez large, se resserre à un endroit dit Bocca Tigris ou le Bogue; le fleuve, alors
très étroit, est défendu par de nombreuses batteries;
des forts, dont beaucoup sont en ruines, garnissent
les hauteurs. Nous poursuivons notre marche, le
pays devient plus plat, nous traversons des rizières
et, vers 5 heures, nous arrivons à Canton. Nous descendons à l'hôtel Victoria, dans la concession anglaise.

Le 4, le 5 et 6, séjour à Canton, ville renfermant **Canton**
plus d'un million d'habitants. Visite des concessions Page 108
européennes dans l'île Cha-min et des différents
quartiers qui sont tous fermés, le soir, par d'énormes
portes. L'intérêt consiste surtout dans l'aspect des
rues étroites où circule une foule énorme, affairée et
bruyante, dans la vue du fleuve où des milliers de

barques alignées forment des rues et des carrefours et où habitent plus de cent mille personnes. Toutefois les excursions peuvent se diviser ainsi :

1er jour, dans la matinée : le temple des 500 génies avec ses 500 statues, grandeur nature; le temple des docteurs avec sa façade ornée de riches sculptures multicolores, et où l'on peut, au moyen de pratiques très simples, se guérir d'une foule de maux. La soirée peut être consacrée à la visite des boutiques.

2e jour : la Pagode des fleurs; le cimetière, très curieux, où l'on peut se rendre compte du culte des morts qui tient une place si grande dans la vie chinoise; les murs crénelés garnis de vieux canons et d'où l'on découvre une vue d'ensemble sur la cité, ses faubourgs et la campagne environnante; la Pagode des 5 étages; la Clepsydre, horloge à eau, qui date de quelques centaines d'années; la cathédrale catholique, érigée aux frais du gouvernement chinois.

Le 3e jour : le temple de Confucius, le tribunal, les prisons, et toujours les boutiques, les magasins de curiosités, les marchands de soieries, de broderies, de porcelaine; les ateliers de sculpteurs sur bois, sur ivoire; les fabricants d'objets laqués, etc.

Le 6 au soir, départ de Canton sur le *Sui-taï;* coucher à bord et arrivée le 7 au matin à Macao (hôtel « Bella Vista ».)

Macao
Page 116

Le 7 et le 8, séjour à Macao, possession portugaise. C'est une ville de 80.000 habitants, située sur une presqu'île que dominent de vieux forts pittoresquement bâtis sur des rochers. De ces forts, la vue s'étend sur la ville, la mer et la côte chinoise. Visite de la ville et de ses églises, de la Pria-Grande, jolie promenade entre Boa-Vista et le fort Saint-François; du jardin public où est érigée la statue de Camoëns, avec ses inscriptions en diverses langues; des forts, d'une fabrique d'opium, d'une filature de soie. Le quartier chinois est rempli de maisons de jeux. Macao passe, à bon droit, pour le Monaco de l'Extrême-Orient.

Le 9 mars, retour à Hong-Kong.   **Hong=Kong**

Le 10, séjour à Hong-Kong.

Le 11, départ de Hong-Kong et embarquement sur *la Princesse Alice*, bateau allemand de la Cie Norddeutscher Lloyd. Intéressante sortie de la rade.

Le 12 et le 13, navigation sur la mer de Chine méridionale, sur le détroit de Formose, et sur la mer de Chine orientale.

Détroit de Formose

Le 14, arrivée à l'embouchure du Yang-Tsé-Kiang ou Fleuve Bleu; un plus petit vapeur vous prend et vous conduit en une heure à Shanghaï, en remontant le Wampo, rivière qui se jette dans l'estuaire du Yang-Tsé. Descente à Palace-Hôtel.

Shanghaï, ville de 500.000 habitants et le plus grand port de la Chine, se compose de deux partie distinctes; d'un côté les concessions européennes ayant

Shanghaï
Page 123

19

chacune leur municipalité ; de l'autre, la ville chinoise. La partie européenne a un cachet presque
exclusivement britannique. Le Bund, promenade
publique le long des quais, présente l'aspect d'une
grande ville anglaise.

Le 15, excursion à Zi-ka-Wei. Visite de l'observatoire météorologique fondé par les jésuites, et des établissements religieux tenus également par ces Pères
et par des Sœurs auxiliatrices, qui ont fait de Zi-ka-
Wei un centre exclusivement catholique.

Le 16, séjour à Shanghaï, et le soir départ pour
Han-Keou sur le *Li-mao*, bateau appartenant à une
Compagnie française.

**Le Yang=tse=
Kiang**
Page 130

Les 17, 18 et 19, navigation sur le Yang-Tsé-Kiang,
ou Fleuve Bleu, immense artère navigable, qui pénètre jusqu'au cœur de la Chine. Rives d'abord
plates, champs immenses de roseaux. Longtemps on
longe la côte basse de la grande île de Tch'ong-Ming,
peuplée d'un demi-million d'habitants. Ce n'est qu'à
la hauteur de Kiang-Yin-Hien où le fleuve se resserre,
qu'on aperçoit quelques mamelons. Près de Tan-Tou-
Tchen débouche le grand canal. Un peu plus loin,
avant d'arriver à Tchen-Kiang, on double l'île d'Argent sur laquelle se dresse, d'une façon pittoresque,
une célèbre pagode. Enfin on arrive à Nankin, dont
on n'aperçoit qu'un faubourg ; la ville s'étend plus
loin, entourée d'interminables murailles.

Comme Nankin, comme nombre de villes du Yang-

Tsé-Kiang, l'importante ville de Vou-Hou où se fait
une active propagande protestante américaine, est
située à quelques kilomètres du fleuve. Bientôt le lit
du Yang-Tsé devient très étroit; ce défilé est appelé
« Passage Wild boar ». Les rives, à cet endroit, sont ac-
cidentées, les montagnes descendent jusqu'au fleuve
et sont garnies de fortins; au milieu même du fleuve,
surgit un récif appelé le « Petit Orphelin », au sommet
duquel on a construit une pagode. Sur la rive droite,
la chaîne de montagnes se prolonge et paraît boisée.
Grâce à son altitude, la température, l'été, y est
assez fraîche, aussi en a-t-on fait un lieu de villégiature. On passe à Hou-Kéou, on s'arrête à Kieou-
Kiang, et enfin apparaissent, sur la rive gauche, les
longs quais d'Han-Kéou, la ville commerçante avec
ses concessions européennes, tandis que sur les hauteurs de la rive droite se dresse, encerclée de murailles,
Woutchang, la cité militaire. Han-Yang, la ville industrielle, est en face, au-dessus de la rivière du Han.
Les trois cités réunissent plus de 3.000.000 d'habitants et leur développement ne semble pas devoir
s'arrêter : c'est, en effet, un point central où viennent converger les principales voies de communication de la Chine.

Le 20 mars, arrivée à Han-Kéou (hôtel Terminus).
Visite de la ville, des concessions, des quais, du
Bund, excursion dans la ville chinoise.

Le 21, excursion à Han-Yang, et visite de l'arsenal

Han=Kéou
Page 133

et de l'immense usine métallurgique. Retour en barque par Woutchang et par le port de guerre où est embossée une flottille de canonnières chinoises.

Le 22, départ pour Pékin, par le chemin de fer récemment mis en circulation : trente-six heures de trajet par train rapide, wagon-lit, wagon-restaurant. On traverse presque constamment un pays plat et monotone. Quelque temps cependant après le départ d'Han-Kéou, on franchit de petites montagnes où l'on a fait quelques tentatives de reboisement; puis on entre dans une plaine immense absolument nue. On traverse le Hoang-Ho ou Fleuve Jaune, sur un pont de 3 kilomètres, car ce fleuve, peu profond, étend au loin ses rives.

De distance en distance, on aperçoit, entourés de quelques bouquets d'arbres, des tombeaux épars dans la plaine; ils annoncent d'ordinaire l'approche d'une ville dont on ne tarde pas à apercevoir les murailles crénelées.

Pékin
Page 135

Le 23, arrivée à Pékin. (Hôtel des Wagons-lits.)

Du 23 mars au 2 avril, séjour à Pékin coupé seulement par l'excursion aux tombeaux des Mings et par celle de la Grande Muraille.

Le 24 : Parcours des murs, de la Porte de Chienmen à l'Observatoire, où se trouvent de curieux instruments astronomiques richement décorés, construits par les Jésuites et offerts par Louis XIV.

Dans l'après-midi : temple et monastère des lamas thibétains, résidence du Bouddha vivant, tour du Tambour; visite de la ville tartare et retour en longeant la ville impériale dont on aperçoit le pont de marbre et la montagne de charbon.

Le 25 : Visite du temple du Soleil, immense plate-forme entourée de balustrades; du temple de Confucius, des chambres des Examens, aujourd'hui en ruines; du temple de la Terre, également simple terrasse; du temple du Ciel, temple circulaire avec lanterne centrale supportée par d'énormes piliers en bois de teck venant de Corée — la balustrade autour de la plate-forme est en beau marbre blanc — enfin du temple de l'Agriculture, où l'Empereur, chaque année, vient, avec une charrue, tracer un sillon.

Le 26 : Visite de la cathédrale, de l'évêché, des Missions et de l'Ecole française tenue par des Maristes. Le soir, excursion dans la ville chinoise située à la base de la ville tartare.

Le 27, pour nous rendre aux tombeaux des Mings, nous prenons le chemin de fer que l'on exploite jusqu'au Nankow et qui est l'amorce de la grande ligne qui ira de Pékin à Irkoutsk.

Tombeaux des Mings
Page 144

L'hôtel de Nankow se trouve près de la gare. De là, soit à cheval, soit en palanquin, on se rend en trois heures aux tombeaux. On gagne d'abord

Nankow

le Che-fang, remarquable porte de marbre, et là on prend la Voie triomphale qui, par le pont de marbre aujourd'hui en ruines, conduit aux sépultures. Le tombeau de Jong-Lo est le plus intéressant, les douze autres ont tous à peu près le même caractère. Retour à Nankow.

Grande Muraille
Page 148

Le 28 mars, départ de Nankow pour la Grande Muraille. Le trajet est d'environ quatre heures; il peut se faire à cheval ou en palanquin, le chemin de fer est encore en construction. On traverse d'abord le village fortifié de Nankow, puis Kiou-Yan-Kouan, la belle porte de Kuo-Kiai-Ta, et le poste de Chang-Kouan, ou passe supérieure; quelque temps après on arrive à la Grande Muraille.

Le 29 : Continuation des excursions dans la ville tartare; visite des boutiques.

Le 30 : visite de la Pagode Jaune dont les belles sculptures en marbre blanc ont été détériorées par les Japonais lors de la prise de Pékin. En se portant à l'Est, en dehors des murailles, on peut encore visiter le temple et le monastère du Nuage Blanc.

Le 31 mars, repos et visite des boutiques.

Le 1er avril. Visite de la ville chinoise et de la pagode de Pa-Kuo-Su.

Tien=Tsin
Page 158

Le 2 avril, départ de Pékin pour Tien-Tsin, ville de 150,000 âmes et le principal centre de commerce de la Chine du Nord, au confluent du Pei-Ho et du Grand Canal. Visite des concessions européennes et de la ville chinoise. Tombeau de Li-Hung-Tchang.

Le 3 et le 4, séjour à Tien-Tsin, à Astor-Hôtel.

Le 5, départ en chemin de fer. Descente à la station de Tong Ku; puis embarquement à Takou sur un petit vapeur qui vous conduit au loin, dans la rade, à la recherche du vapeur japonais, le *Takeshima-Maru*, que les bas-fonds empêchent d'approcher de la côte.

Le 6, escale à Tche-Fou, ville d'aspect pittoresque, située à l'extrémité du Chan-Tong, commerce important. Nous descendons à terre et nous déjeunons à l'hôtel Beach. **Tche-fou**

Le 7 et le 8, navigation sur la Mer Jaune et le détroit de Corée. Retard d'un jour par suite du gros temps.

Le 10 seulement, arrivée à Nagasaki, port militaire du Japon, situé au fond d'une baie profonde et pittoresque. Visite de la ville et du temple, où se dresse un cheval de bronze d'une anatomie plutôt rudimentaire. **Japon Nagasaki** Page 163

Le 11, arrivée par mer à Shimonoseki, tête de ligne des chemins de fer japonais. (Sany-hôtel.) **Shimonoseki**

Myajima
Page 166

Le 12 avril, départ pour Myajima. Visite de l'île et du célèbre temple, lieu de pèlerinage renommé; bâti sur le bord de la mer, ce temple est entouré d'eau à marée haute et le parc qui l'avoisine est peuplé de cerfs apprivoisés.

Hiroshima
Page 169

Le 13, départ de Myajima et arrivée à Hiroshima. Visite de la citadelle, du château féodal et du jardin qui l'entoure. Ce dernier avec ses petits bassins, ses rochers, ses ponts, ses diverses essences d'arbres et ses massifs de fleurs peut être considéré comme un type intéressant des jardins japonais. Le soir départ pour Kobé.

Kobé=Hiogo
Page 172

Séjour à Kobé (Oriental-Hôtel). Visite des temples et de la cascade de Nounobiki. La ville de Hiogo est aujourd'hui réunie à Kobé; la rade, très sûre, est couverte de navires et le port, tête de ligne de nombreuses Compagnies de navigation, fait un commerce considérable.

Osaka
Page 176

Le 15, arrivée dans la matinée à Osaka, ville de près d'un million d'habitants (Grand Hôtel). Visite de la citadelle, ancien château féodal dont il ne reste plus que les remparts extérieurs formés par des blocs énormes de pierres posées sans ciment. Visite de l'hôtel de la Monnaie, des temples Higashi et Hongwangi; ses nombreux canaux la font surnommer la Venise du Japon.

Le 16, arrivée dans la matinée à Nara (Ki-
kouya Hôtel). Visite du magnifique parc planté
d'arbres séculaires où circulent de nombreux cerfs
familiers; des temples de Kasugano-Myia et de
Kobre-Kuji où, moyennant une légère rétribution,
des jeunes filles dansent ou plutôt miment des
danses sacrées. Vu la grosse cloche qu'une poutre,
maniée comme un bélier, fait vibrer. Visité le
Musée, également situé dans le parc, où l'on conserve de nombreux objets sacrés, des kakemonos et
d'anciennes sculptures intéressantes.

Nara
Page 179

Le 17, départ de Nara dans la journée; le chemin
de fer traverse de nombreuses plantations de thé
et deux heures après, on arrive à Kyoto (Kyoto-
Hôtel).

Du 17 au 22 avril, séjour à Kyoto, ancienne
capitale du Japon et résidence du Mikado avant
le transfert de la capitale à Tokio. Kyoto est une
ville particulièrement intéressante par ses palais
impériaux et ses temples.

Le 18 : Visite des temples et du monastère de
Chion-in, du temple de Gion-no-yashiro situé dans
un grand et beau parc; de la pagode de Yasaka,
construite dans un site pittoresque au-dessus d'un
ravin et d'où l'on découvre une vue superbe; de
celle de Sanju-son-gen-do où sont réunis mille
statues de Bouddha. Le temple de Hunganji est
un grand et bel édifice dont les élégantes toitures

Kyoto
Page 182

sont supportées par d'énormes colonnes faites d'un seul tronc d'arbre; les frises de l'intérieur, dorées et laquées, sont d'une grande richesse et d'un beau dessin.

Le 19 : Excursion à Kameoka, à Otzu et descente en barque des rapides de Katsura-gara. Visite du temple de Kinka-Kangi.

Le 20 : Excursion au lac Biva et aux arbres géants de Karazaki; visite du temple d'Otzu d'où l'on découvre une vue superbe sur le lac et les montagnes environnantes, retour en barque par le canal qui perce la montagne et coule ensuite à flanc de coteau.

Le 21 : Visite du palais du Mikado et de celui du Taïkoun; du musée, qui contient d'intéressantes collections.

Le 22 : Visite des temples Daï Kokuden et Kurodani, ce dernier situé dans un gracieux jardin.

Le 23, départ de Kyoto et arrivée à Nagoya dans la matinée. Visite du temple d'Hungangy dont les sculptures sont remarquables, de celui de Gohyakurakan où sont réunies un nombre si considérable de statuettes qu'on doit, dit-on, y retrouver toujours son père.

Nagoya
Page 192

Le 24 : Visite du château de Nagoya, formidable forteresse féodale, construite avec d'énormes blocs de pierre. Du haut du réduit central qui a de nombreux étages, on domine la ville et la campagne environnante; dans la journée, visite de fabriques de cloisonnés; représentation théâtrale.

Le 25, départ de Nagoya dans la matinée et arrivée vers six heures du soir à Yumato. Avant d'arriver dans cette dernière ville, si le temps le permet, on peut avoir une superbe vue du célèbre volcan, le Fuji-Yama. A Yumato, on quitte le chemin de fer et l'on prend des richi qui nous amènent à Myanoshita à neuf heures du soir.

Les 26, 27 et 28, séjour à Miyanoshita et excursion dans ses pittoresques environs : à Dogashima, à Kiga, à Sengenyama et à Otometoge.

Miyanoshita
Page 195

Le 29, départ le matin en chaise à porteur de Miyanoshita pour Hakone en passant par Ashinoyu. Visite du temple de Gongen avec ses beaux cryptomerias, promenades sur le lac, vue du Fusi-Yama, coucher à Hakone (hôtel d'Hakone.)

Hakone
Page 197

Le 30, départ d'Hakone pour Atamy; passage par le Col des dix provinces, en suivant la crête des montagnes, d'où l'on découvre un panorama magnifique, la presqu'île d'Izu devant soi, la mer à gauche et à droite, et au fond, comme arrière-plan, le Fusi-Yama. Coucher à Atamy, station balnéaire dans une charmante situation. Atamy possède un geyser qui fait éruption toutes les quatre heures.

Atamy
Page 198

Le 1er mai, départ d'Atamy en tramway à vapeur dont la voie, tracée à flanc de montagne, suit le bord de la mer. A Odowara, on prend des richi qui vous conduisent à Odzu, où l'on trouve le chemin de fer qui conduit à Tokio.

Tokio
Page 199

Les 2, 3 et 4, séjour à Tokio (Hôtel Impérial). Tokio, autrefois appelée Yeddo, ville de 1,800,000 habitants, capitale du Japon, résidence du Mikado. Visite des riches tombeaux des shoguns Togugawa, des temples de Sengakeji, de Sanno, du musée des armes, des parcs de Shiba et d'Ueno, du jardin zoologique, des temples de Sensoji et d'Ekokin.

Le 5, départ de Tokio dans la matinée et arrivée dans l'après-midi (trajet de six heures environ) à Nikko.

Nikko
Page 205

Les 6, 7 et 8, séjour à Nikko (Kanaya Hotel). Visite des temples et des mausolées, notamment de celui de Jyeyas, chef-d'œuvre de l'architecture japonaise. Promenades dans les environs, à la cascade de Kirifuri. Excursion au lac de Chuzenji (Lakeside Hotel), au lac de Yumoto (Nama Hotel).

Le 9, départ de Nikko et arrivée pour dîner à Yokohama (Grand-Hôtel).

Yokohama
Page 213

Les 10, 11 et 12, séjour à Yokohama, port de Tokio et le plus important du Japon. Visite de la ville et des environs : Kamakura et son grand Bouddha en bronze, le temple de Kwannon, Katose et Enoshima.

Le 13, départ pour l'Amérique, embarquement **Le Pacifique**
sur un bateau américain de la Pacific Mail, la
Mandchuria.

Du 13 au 30 mai, navigation sur le Pacifique.
Comme on passe le 180ᵉ degré de longitude, un jour
se trouve doublé.

Le 23, escale à Honolulu, capitale des îles Sand- **Honolulu**
wich. Visite de la ville et des environs. Cité aujour- Page 223
d'hui tout américaine, dans un site pittoresque,
au milieu de ravissants jardins dont la végétation
rappelle celle des Tropiques, et où on voit aussi
beaucoup de plantes et de fleurs de nos climats.

Le 29 mai, arrivée le soir en Amérique. **San Francisco**
Le 30 au matin, débarquement à San Francisco. Page 236
Le 31, départ précipité par l'Union Pacific.
Traversée de la Californie.

Le 1ᵉʳ juin, traversée de la Sierra Nevada, de
l'Utah. Vue du Lac Salé.

Le 2, traversée des Montagnes Rocheuses, passage du Missouri, du Mississipi.

Le 3, séjour à Chicago (hôtel de l'Auditorium). **Chicago**
Le lac Michigan, visite de la ville, des établisse- Page 247
ments d'Armor, des parcs à bestiaux.

Le 4 au soir, départ pour Niagara.

Niagara Falls
Le 5, Niagara Falls. Le 5 au soir, départ pour New-York.

New=York
Du 6 au 11, séjour à New-York (hôtel La Fayette Brewort). Visite de la ville : Broadway, la cité, les banques, la douane, la Batterie, l'Aquarium, la Cinquième Avenue, le Parc central, la Cathédrale Saint-Patrick, le Muséum, la Bibliothèque Lenox, les ponts et la ville de Brooklyn.

Washington
Le 8, excursion à Washington. Passage à Philadelphie, à Baltimore; arrivée le soir à Washington (Hôtel Arlington). Visite du Capitole, de la Bibliothèque, de la Maison Blanche, du Musée national, des parcs.

Le 9 au soir, retour à New-York.

Le 11, départ pour la France sur la *Lorraine*, steamer de la Compagnie transatlantique.

Du 11 au 18, navigation sur l'Atlantique.

Le Havre
Le 18 au matin, arrivée au Havre, et dans la journée à Paris.

Rappelé en France, je suis parti brusquement de San Francisco et j'ai dû renoncer à suivre le

programme primitivement établi, et qui comportait
l'itinéraire suivant :

Le 31 mai et le 1ᵉʳ juin, séjour à San Francisco. **San Francisco**
Le 1ᵉʳ juin au soir, départ pour le Yosemite.

Les 2, 3 et 4, vallée du Yosemite.   **Yosemite**
Le 5, les gros arbres du Mariposa.
Les 6 et 7, en route pour le Grand Canyon du
Colorado.

Le 9, visite du Grand Canyon.   **Grand**
Le 10, retour.   **Canyon du**
Le 11, arrivée à San Francisco.   **Colorado**
Le 12, séjour à San Francisco.
Le 13, départ pour Salt Lake City, traversée
de la Nevada.
Le 14, dans l'après-midi, arrivée à Salt Lake
City.
Le 15, séjour à Salt Lake City, départ le soir.
Le 16, arrivée au Parc national dans la matinée.

Les 16, 17, 18, 19, 20 et 21 : visite du Yellowstone **Yellowstone**
ou Parc national.
Le 21, au soir, départ du Parc national.
Le 22 au matin, arrivée à Butte, centre minier.
Les 23, 24, retour par Ogden et, sans arrêt, départ
pour Chicago.
Le 25, arrivée à Chicago dans la matinée.

Chicago   Les 25 et 26, séjour à Chicago.

Niagara Falls   Le 27, arrivée le matin à Niagara Falls.

Le 28, séjour à Niagara Falls.

Le 29, arrivée à Albany, descente en bateau de l'Hudson et arrivée le soir à New-York.

New=York   Le 30 juin et le 1er juillet, séjour à New-York.

Le 2, départ pour la France.

Le 9, arrivée au Havre.

FIN

TABLE DES MATIÈRES

❊ ❊ ❊

20

TABLE DES GRAVURES

❅ ❅ ❅

CARTES GÉOGRAPHIQUES

Paris. — Imp. PAUL DUPONT, 4, rue du Bouloi (Cl.) 1503.12.1908